● 2023年新疆生产建设兵团科普发展专项

漫话兵团农机化与农机装备

彭慧杰　戚江涛　蒙贺伟　等　编著

中国农业科学技术出版社

图书在版编目（CIP）数据

漫话兵团农机化与农机装备 / 彭慧杰等编著. --北京：
中国农业科学技术出版社，2024.5
ISBN 978-7-5116-6836-3

Ⅰ.①漫…　Ⅱ.①彭…　Ⅲ.①生产建设兵团－农业机
械化－新疆　Ⅳ.①S23

中国国家版本馆CIP数据核字（2024）第 104550 号

责任编辑　崔改泵
责任校对　李向荣
责任印制　姜义伟　王思文

出 版 者　中国农业科学技术出版社
　　　　　北京市中关村南大街 12 号　　邮编：100081
电　　话　（010）82109194（编辑室）　　（010）82106624（发行部）
　　　　　（010）82109709（读者服务部）
网　　址　https：// castp.caas.cn
经 销 者　各地新华书店
印 刷 者　北京中科印刷有限公司
开　　本　185 mm×230 mm　1/16
印　　张　5.25
字　　数　100 千字
版　　次　2024 年 5 月第 1 版　　2024 年 5 月第 1 次印刷
定　　价　50.00 元

《漫话兵团农机化与农机装备》

编著委员会

主编著： 彭慧杰　　戚江涛　　蒙贺伟

编著者： 彭慧杰　　戚江涛　　蒙贺伟　　张欣冉

李景彬　　坎　杂　　张若宇　　李亚萍

序

农业是新疆生产建设兵团的基础产业和优势产业，自1950年驻疆人民解放军各部队开展大生产运动以来，不断推广和应用先进的农业科学技术，在开发建设边疆、增进民族团结、维护社会稳定、巩固西北边防中发挥了不可替代的战略作用，作出了不可磨灭的历史贡献。

习近平总书记强调，要大力推进农业机械化、智能化，给农业现代化插上科技的翅膀。兵团始终坚持走农业现代化之路，大规模引进、吸收、研发和推广先进生产技术，持续开展规模化、机械化、现代化国营农场建设，开创了新疆现代农业的先河。大力推进全国节水灌溉示范基地、农业机械化推广基地、现代农业示范基地等"三大基地"建设，农业现代化建设取得显著成效。

农业的根本出路在于机械化，兵团的农业机械化是随着军垦农场的建立而起步，随着农垦经济实力的增强而壮大，是兵团几代人热爱祖国、无私奉献、艰苦奋斗、开拓进取的产物。农业机械化是兵团农业经济的核心支撑力量，是农业现代化的重要标志和主要内容之一。兵团是全国农业机械化推广基地，农机化应用水平一直处于前列，为实现兵团乡村振兴和农业农村现代化提供有力支撑，引领示范带动作用明显。

从亘古荒原上的军垦第一犁开始，一代又一代的兵团人筚路蓝缕，迅速实现农业机械化，有其历史和现实的必然性。兵团农机化七十余年的发展史，是一部艰苦奋斗创业史。《漫话兵团农机化与农机装备》科普读物的开发，汇集并梳理了兵团农业机械化事业的发展历程，展示了兵团农业机械化事业取得的累累硕果，记录了兵团农机与农机专家背后的故事。它既是了解兵团农机发展现状的重要途径，又是体现兵团创业发展史的优秀载体，也是宣传推广兵团农机化的创新渠道。

　　本科普读物内容丰富，图文并茂，清晰易懂，具有重要的参考价值和科普意义。我相信，此书的出版发行一定会受到广大读者的欢迎，对于践行兵团精神和胡杨精神、老兵精神，传承红色基因，赓续红色血脉也会起到促进作用。

中国工程院院士

2023年12月

前　言

　　新疆生产建设兵团是全国农业机械化推广基地，农机化应用水平一直处于国内前列，为实现兵团乡村振兴和农业农村现代化提供有力支撑，引领示范带动作用显著。开发漫话兵团农机化与农机装备科普读物并开展科普服务，既是了解兵团农机发展现状的重要途径，又是体现兵团创业发展史的优秀载体，也是宣传推广兵团农机化的创新渠道。本科普资源的开发，对推动新时代兵团事业发展有着重大而深远的意义。

　　本科普读物依托前期征集的农机具及其研发故事，结合兵团农机科学家等代表性人物口述资料，以兵团农机化发展史为脉络，梳理兵团农机人艰苦奋斗创业史，紧跟兵团农机化重大历史事件、重要时间节点、重要历史人物等开展专题研究，完成了漫话兵团农机化与农机装备科普读物开发工作。在此基础上运用现代信息技术丰富科普资源，开发科普读物配套文字、图片、音视频等电子资料，实现扫描二维码即可三维动画模拟或视频还原机械装备结构组成与工作过程，生动直观拓展更多研究背景以及农机科学家故事详情，形成了兵团农机化与农机装备科普数字化资料，促使公众尤其是青少年与非农机专业人士更好地了解兵团农机设计研发艰苦过程，传承弘扬兵团精神、胡杨精神和老兵精神。

　　本科普读物在编写过程中查阅了大量兵团地方史志资料，引用了兵团统计年鉴最新数据，收集了部分兵团特色农机信息，得到了石河子大学、新疆农垦科学院、新疆科农机械制造有限责任公司等单位的大力支持，在此对有关作者和单位一并表示衷心的感谢！同时感谢兵团财政科技计划项目科普发展专项"漫话兵团农机化与农机装备（2023CD004-02-03）"、中国科协调研宣传部资助类项目"兵团农机与兵团科学家精神（XFCC2020ZZ004-14）"等项目的资助。感谢课题组其他成员为本科普读物出版提供的诸多支持与鼎力帮助！

　　由于本科普读物涉及的内容广泛，年代久远，加上编者水平有限，难免存在不妥甚至错误之处，殷切希望广大同仁和读者不吝赐教，批评指正。

编　者

2023年12月

目 录

I 兵团农机化发展历程 ……………………………… 1

发展历程

（1）1950—1957年 ……………………………… 3

（2）1958—1965年 ……………………………… 4

（3）1966—1976年 ……………………………… 5

（4）1977—1981年 ……………………………… 6

（5）1982—2000年 ……………………………… 7

（6）2001年至今 ……………………………… 8

II 兵团种植业 ……………………………………………… 9

农作物

粮食作物 ……………………………………… 11

经济作物 ……………………………………… 13

饲料作物 ……………………………………… 16

III 兵团种植业机械化与装备 ……………………… 17

作业工艺

20世纪60年代 ……………………………… 19

20世纪70—80年代 ………………………… 20

20世纪90年代以后 ………………………… 21

耕整地机械

联合整地机 …………………………………… 22

播种机械

精量铺膜播种机 ································· 25

田间管理机械

施肥机 ····································· 27

中耕机 ····································· 30

植保机 ····································· 32

收获机械

采棉机 ····································· 34

谷物收割机 ································· 37

番茄收获机 ································· 40

辣椒收获机 ································· 42

酿酒葡萄收获机 ····························· 44

红枣收获机 ································· 46

油料作物收获机 ····························· 50

根茎类作物收获机 ··························· 52

回收机械

秸秆收集机械 ······························· 55

残膜回收机械 ······························· 57

Ⅳ **兵团农机科学家** ·························· 59

陈学庚 ····································· 61

田庆璋 ····································· 66

吴允光 ····································· 67

严晋芳 ····································· 68

贾首星 ····································· 69

王序俭 ····································· 70

李进江 ····································· 71

徐正太 ····································· 72

I 兵团农机化发展历程

　　新疆生产建设兵团（全书简称兵团）的农业机械化，是兵团现代农业的重要支柱和骨干力量。农业机械化的起步、发展、壮大和变革，与兵团所担负的历史使命，所处的自然环境以及我国的改革开放密切相关。

　　兵团是在驻新疆中国人民解放军参加生产建设、兴办工、农、建、交、商各类企业的基础上，根据中央军委的命令，于1954年10月正式成立的。为全面完成各项政治任务，在经济建设尤其是农业生产中，只能走机械化的道路。只有走机械化的道路，才能以现代化的生产技术和生产手段极大地提高劳动生产率，满足社会对农产品不断增长的需求。

　　兵团所办农业企业，因严守"不与民争利"的原则，大多建在盐碱荒滩不毛之地。为了自身的生存和事业的发展，迫切需要开荒造田、土壤改良、交通运输和农产品加工的机械化。

　　新疆干旱少雨，农时季节明显，农业自然灾害频繁。加上种植面积大、经济作物比例高，劳动力明显短缺。为适时耕种，有效地抗病救灾，确保农业增产，无论是采用生物措施、化学措施还是工程措施，都需要通过机械化的手段去实现。

　　农业机械化是农业现代化的重要标志和主要内容之一，是提高土地生产率、劳动生产率和农牧业商品率的重要手段。只有"在一切能够使用机械的部门和地方统统使用机械"，兵团才能建设成"三个基地一个中心"，才能增强内部的凝聚力，更好地发挥"三个队""四个力量"的作用。

兵团从无到有，白手起家，迅速实现农业机械化，有其历史和现实的必然性。

兵团的农业机械化，随着军垦农场的建立而起步，随着农垦经济实力的增强而壮大，是兵团四代人热爱祖国、无私奉献、艰苦奋斗、开拓进取的产物，大致经历了六个发展阶段。

兵团农业机械化经过70余年的发展已经取得了巨大的成就，虽然在一定程度上受到全国政治、经济等大环境的影响，发展历程出现过一定的反复和波折。但这也是几代兵团人扎根新疆沙漠周边和边境沿线，认真履行党和国家赋予的屯垦戍边、维稳戍边职责使命，用热血与坚守书写忠诚、用智慧和汗水创造奇迹，大力弘扬践行兵团精神和胡杨精神、老兵精神，牢牢把握绝对忠诚这一立身之本、扎根奉献这一创业之魂、团结奋斗这一成事之基、攻坚克难这一发展之要、开拓创新这一动力之源，创造的举世瞩目的伟大业绩，在中国社会主义建设事业中发挥着特殊的、不可替代的作用。

农业机械化是兵团农业科学技术水平和先进生产力的集中体现，代表了百万兵团职工的根本利益。在高质量推进兵团现代化建设、实现新疆工作总目标中，兵团的农业机械化又进入了新的发展阶段。

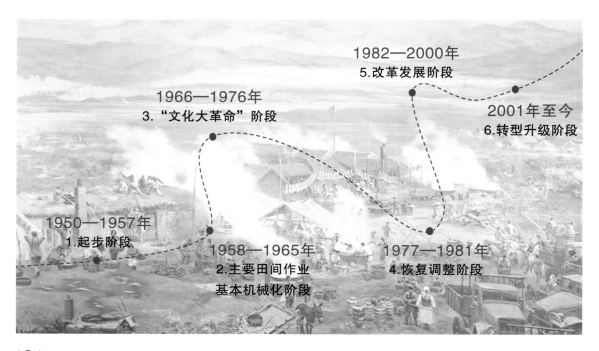

发展历程

（1）1950—1957年

　　1950年，驻新疆中国人民解放军动员10万官兵，主要依靠自制的手工工具，兴修水利，开荒造田。遵照朱德总司令"新疆地广人稀，要善于使用机器为人类服务。你们生产的物资，除自己再生产使用外，应以向苏联变换机械为主"的指示，用自己生产的农牧产品和节衣缩食积累的建设资金，从苏联引进拖拉机、联合收割机、犁、耙、播种机等机引农具和半机械化畜力农具，建立机耕农场，进行机耕试验，并培养农业机械化的技术人才，为兵团发展农业机械化奠定了基础。

　　1954年底，新疆军区召开第一次党代会，要求兵团各军垦农场"以先进的生产技术和现代化的生产手段，为广大农民起示范作用，引导他们走集体化、机械化的道路"。根据新疆军区党委的指示，兵团在苏联专家的指导和西北勘测设计局的帮助下，一是对农场进行规划，按农艺、轮作、机耕要求，全面整理土地，为大规模机械化生产创造基本条件；二是增加农业技术装备，继续有计划地从苏联及东欧各国购进拖拉机和配套农具，重点解决开荒、犁地、播种等繁重作业项目的机械化；三是健全管理机构，建立规章制度，初步形成有层次的兵团机务工作体系；四是建设农机修造网，提高兵团农机修理水平，满足日益增多的农机设备技术维护工作的需要；五是加速管理技术人员的培训，建起一支高水平的农机化管理队伍。

　　这一系列措施推动了兵团农业机械化的稳步发展，经过7年的艰苦创业，兵团的农业机械化已经积累了一定的经验，培训了一批技术骨干，扩大了机械作业项目，为以后的大发展奠定了较为坚实的基础，也为兵团完成第一个五年计划规定的农业发展任务作出了贡献。

发展历程

（2）1958—1965年

　　在第二个五年计划及国民经济三年调整时期，兵团从加强农机管理入手，积极探索具有兵团特点的农业机械化道路。通过群众性的"比学赶帮"活动，大搞技术革新，"创制改代"适用机具，不断填补机械化空白，提高了种植业的机械化程度。

　　1958年，兵团成立了统一管理农机制造、田间作业、维修保养、科研、培训、油材供应、机械分配和交通运输业务的机运处，开展了以自制设备和优质高效作业为主要内容的社会主义劳动竞赛，提高了农机装备的利用率和农具及配件的自给能力，为兵团事业的大发展提供了强有力的物质技术保障。

　　1959年4月，毛泽东主席提出"农业的根本出路在于机械化"的论断，兵团开始探索适合兵团特点的农业机械化道路。1960年，苏联单方面撕毁合同，撤走农机专家，中止配件供应，使利用苏联进口机械从事农业生产的兵团，面临巨大的困难。兵团党委召开机务工作跃进誓师大会，要求各级党委书记必须亲自管理农机化，兵团各个战线都要支援机务工作。1961年兵团机务战线贯彻"调整、巩固、充实、提高"八字方针，系列措施的实施不但使兵团顺利度过困难时期，而且促进了农业机械化的大发展，在全兵团范围初步实现了种植业和农副产品初加工的机械化。

　　经过第二个五年计划和三年调整，兵团在农机管理、机械使用、维修制造、技术推广、人员培训等方面，已积累并总结出了较为成熟的经验，基本实现了农业机械化，在全国处于领先水平。

发展历程

（3）1966—1976年

正当兵团各项事业蓬勃发展的时候，1966年开始的"文化大革命"，使兵团农业机械化遭受到严重的挫折和损失。首先，在农机化理论和政策上混淆了是非。其次，在组织上撤销了各级农机管理机构，解散农业院校和农机科研机构，各师大修厂撤销修理车间，转产改行，造成兵团三级维修网的解体。再次，在管理上，砸烂了所有的规章制度，农业机械只使用不保养，造成设备利用率降低、损坏严重，技术状况日趋恶化，责任事故不断发生。最后，在各农机部门"抢班夺权"，大批农机管理干部"靠边站"，煽动派性，挑起武斗，兵团农机工作陷入管理瘫痪的混乱局面。

1971年全国第二次农业机械化会议后，兵团党委作出了《关于加速实现农业机械化的决定》，要求"力争1975年基本实现农业机械化，1980年全面机械化"。由于国内政治经济形势动荡不定，"文化大革命"等的干扰破坏，兵团党委的决定无法贯彻执行。

1975年兵团建制被撤销，成立新疆维吾尔自治区农垦总局（以下简称新疆农垦总局）。管理体制的改变，使农机管理职能被进一步削弱，新疆农垦总局农机处的职能，仅为"调查研究、反映情况"八个字；农机供应渠道一时难以理顺，维修钢材和零配件供应缺口加大，致使农机技术状况进一步恶化，造成农业机械化的"大滑坡"。

发展历程

（4）1977—1981年

　　"文化大革命"结束后，新疆农垦总局按照统一部署，农机工作开始拨乱反正。

　　1978年，全国第三次农业机械化会议重申"1980年基本实现农业机械化"，新疆农垦总局开始对农机工作进行整顿。调整和健全各级管理机构，充实机务管理人员，修订各项规章制度，推行多种形式的农机经营责任制。同年，投资2 000多万元，从南斯拉夫购进1 015台成套农业机械，重点装备19个生产队，进行全面农业机械化、现代化试点。1981年恢复开展农机管理标准化活动，提出了"以实现标准化管理为中心、以经济责任制为主要手段、以增产增收为最终目标"的农机工作方针。

　　通过这一系列整顿工作，遏制了农机"滑坡"，扭转了混乱局面，使农业机械化又走上正常发展的轨道。农业机械化开始由单一的农田作业，向农、林、牧、副、渔、综合机械化方向发展，农机管理由传统的经验管理向科学管理过渡。

发展历程

（5）1982—2000年

　　1981年12月，兵团体制恢复。兵团司令部农业局设机务处，专司农业机械化管理工作，兵团农业机械化进入改革发展的新时期。

　　1982年11月，兵团召开体制恢复后的首次机务工作会议，为兵团在新时期开创农机化事业的新局面指明了方向。1982年，兵团组织各师（局）农机干部考察国内农机主要生产厂家以后，提出"以国外引进为主，首先实现联合收割机换代；自行研制和国内选购相结合，逐步实现配套农具更新；在引进试验新机型同时，尽快完成大中型拖拉机的技术改造"的农机更新换代方针。

　　1983年，兵团普遍推行家庭联产承包责任制，试办家庭农场，建立起大农场套小农场的双层经营体制。同年1月中共中央发布《关于农村经济政策若干问题》，调动了兵团职工自主发展农机化的积极性。1987年，兵团召开农机工作会议，采取对自营农机实行"五统一"管理等四项重要措施，解决1984—1985年大量兴办家庭农场引起的农机宏观管理和微观调度失控等问题，促进了兵团农机化持续健康的发展。农机装备有较大增长，农机化水平有新的提高，且兵团已建成较为完整的农机化服务体系和一定规模的农机基础设施。

　　改革开放和社会主义市场经济体系的建立，促进了兵团农业机械化的发展，进一步提高了兵团农业机械化水平，农业生产条件进一步改善。随着农场经营规模的扩大，适用于黏重土壤和大面积农田作业的大马力拖拉机获得迅速发展，新机型、新技术的产品逐步运用于生产作业中。

发展历程

（6）2001年至今

进入21世纪以来，兵团不断加大农业内部结构调整力度，充分运用集团化、规模化的生产组织优势，形成了独具一格的机械化、集约化、大规模现代化的农业体系，加快建设全国节水灌溉示范基地、农业机械化推广基地和现代农业示范基地，使兵团传统优势农业加快转型，农业机械化水平在全国处于领先示范地位。

2007年，时任总理温家宝在新疆和兵团考察工作时，对兵团农机化发展提出了更高要求，要求兵团建设"农业机械化推广基地"，为全国引领示范。这是中央对兵团农机化工作的信任和肯定，兵团具有特色的农业机械化之路越走越宽广。

2019年，兵团深入贯彻落实国务院相关部署要求，出台了文件以加快推进农业机械化和农机装备产业转型升级，全面推进兵团农机装备、技术、服务和机制创新，持续推动农业机械化向全程全面高质高效转型升级，为保持兵团农业机械化水平处于全国领先示范地位奠定坚实基础。

中国工程院院士、农业机械设计制造专家陈学庚表示，兵团立足服务乡村振兴战略，加快农机农艺融合、机械化信息化融合步伐，持续提升农机装备、服务组织和作业水平，主要农作物耕种收综合机械化率达到全国领先水平。

"十四五"时期，兵团深入推进农业机械化供给侧结构性改革，加快农机装备转型升级和农机基础设施建设，重点加快林果业、畜牧业、设施农业智能化机械研发和全程机械化推广应用。到2025年，计划农机总动力稳定在550万千瓦左右，主要农作物耕种收综合机械化率稳定在95%以上。

Ⅱ 兵团种植业

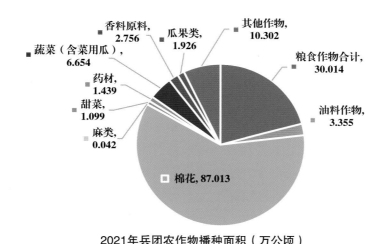

2021年兵团农作物播种面积（万公顷）

以种植业为主体的农业一直是兵团经济发展的支柱产业。

根据《新疆生产建设兵团发展史》第35页记载，1949年12月，周恩来对新疆军区时任后勤部长甘祖昌说："人民解放军要长期驻守边疆、保卫边疆，靠别人吃饭，自己不生产粮食是不行的。"

1950年，人民解放军驻疆部队开展大生产运动，总方针是以农业为主，其他各种生产为辅。依靠全体官兵亲手劳动开垦土地，就地取得生活资料。当年开荒96万亩（15亩=1公顷，全书同），播种83.5万亩，年底收获粮食3 290万千克，棉花37.9万千克，油料186.5万千克，瓜菜2 254.5万千克。生产粮食足够全军自给7个月，油料、蔬菜达到全部自给。

1950—1952年建设计划书中提出：在农业方面，除了保证部队所必需的粮食、蔬菜、瓜果、油料外，逐步扩大棉花、甜菜等原料种植面积，建立农业机械化集体农庄，示范于农民。

1953年5月，新疆军区根据西北军区命令，将所属部队分别整编为国防部队和生产部队。是年，生产部队共有军垦农场32个，在"增加产量，提高质量"的农业生产方针指导下，农业播种面积92.53万亩。农业的基本特征是以种植业为主，种植业以粮食为主，属于中国传统的农业结构。

1960—1961年，兵团农业在中央"调整、巩固、充实、提高"八字方针的指导下，坚决实行"农业第一，粮食第一"的方针，其他作物要为粮食让路，压缩开荒和棉田面积。不仅自己度过了"粮关"，还给国家上交粮食1.3万吨，1961年上交3.4万吨，支援河北、河南、山东、甘肃等省灾区，为以后农业生产稳步发展打下了基础。

1964年，兵团农业工作会议制定的《兵团农业七年发展规划草案》指出：农业长期规划的核心是大力建设标准农场和标准农田，把稳产高产放在首位，农牧并举，多种经营。

兵团建制恢复后，在党的十一届三中全会路线方针的指引下，兵团农业开始突破自然经济的束缚，种植结构按照各垦区自然资源及生产条件因地制宜进行调整，适当调减小麦，增加玉米、棉花、甜菜种植面积，使农作物结构和比例更加协调合理。

1987年以后，兵团逐步调整农业内部经济结构，原则是稳定面积、主攻单产，以单产保总产，粮食生产立足于保证上交和自给的前提下，腾出一些土地，根据水、土、光、热资源的先决条件，在玛纳斯河地区和南疆地区增加棉花种植面积。在"稳粮增棉"、大力发展棉花的同时，加工用番茄、啤酒花、中药材、香料等特种经济作物也有了很大发展。

此后，兵团农业依据国家需要和市场需求，根据垦区不同的自然生态条件，优化资源配置，加大农业内部结构的调整，建设特色、优质农产品生产基地，农业结构和区域布局日趋合理。种植业内部，稳定发展粮食作物，在保证粮食上交、自给有余的前提下，大力发展棉花、甜菜、油料等经济作物生产。一大批农作物优良品种得到大面积推广应用：双低油菜，高筋、中筋、弱筋优质小麦，粳、糯、香、黑水稻品种，优质高蛋白饲料玉米、高油玉米和鲜食玉米，中长绒棉、长绒棉、彩色棉等得到发展；优质啤酒大麦、优质啤酒花品种得到推广；绿色食品受到重视；无公害农产品行动计划也于2003年启动。

农作物

粮食作物

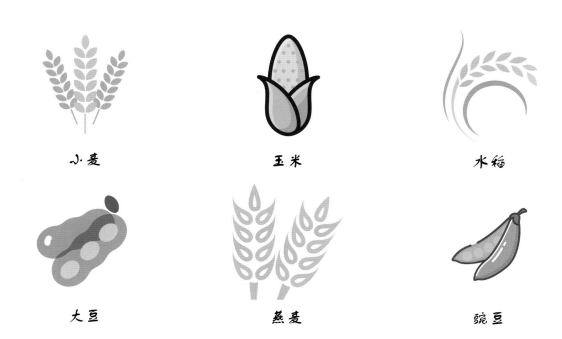

小麦　　　　　　　　玉米　　　　　　　　水稻

大豆　　　　　　　　燕麦　　　　　　　　豌豆

【小麦】小麦是新疆最古老的栽培作物，《从考古资料看新疆古代的农业生产》表明，3 700～4 000年前新疆即有小麦。1950年，人民解放军驻疆部队种植小麦1.896万公顷，占粮食作物播种面积的45%；1954年，兵团成立时，小麦仍是主要的粮食作物之一。

《新疆生产建设兵团统计年鉴》显示，2021年小麦播种面积为14.067万公顷。

【玉米】1950年，驻疆部队开始垦荒生产时即种植玉米6 613公顷，占当年粮食作物总面积的15.9%。此后，兵团玉米播种面积稳步增加。1961年以后，为贯彻党的"大办农业、大办粮食"方针，玉米在生产中占据更重要地位，对粮食总产和商品起了重要作用。

《新疆生产建设兵团统计年鉴》显示，2021年玉米播种面积为12.859万公顷。

【水稻】水稻是驻新疆部队开始种植业生产的主要作物之一，种稻除解决温饱问题外，还有脱盐改土效果。1950年，水稻种植面积6 553公顷，占总播种面积的11.8%，占新疆水稻种植面积的12.89%。随着发展的需要，兵团水稻生产也由单纯扩大面积转向稳定面积、巩固脱盐效果、改善生产条件、改进种植技术、主攻单产，增加效率，提高商品生产率。稻区土壤生态条件逐步改善，水稻生产技术水平大幅度提高，已发展成新疆商品粮生产基地。

《新疆生产建设兵团统计年鉴》显示，2021年水稻播种面积为0.156 3万公顷。

【大豆】兵团种植大豆是从1950年开始的，当年播种大豆500公顷。1984年，由于流通渠道不畅，出现"卖豆难"现象，大豆种植面积骤降，使新疆大豆紧缺，需从内地调入。1988年，新疆维吾尔自治区开会研究大豆的生产问题并调整政策。1994年，兵团豆类的种植面积创造了前所未有的纪录，达到22 467公顷。

《新疆生产建设兵团统计年鉴》显示，2021年大豆播种面积为0.426万公顷。

【小杂粮】新疆兵团的小杂粮包括大麦、高粱、谷子、燕麦、荞麦、绿豆、红小豆、豌豆和薯类。杂粮生产在调节口粮、提供工业原料、救灾备荒、充当饲料、丰富种植制度方面一直起着不可缺少和不可替代的作用。因此，虽然自20世纪60年代起，种植面积有所减少，总产仍有一定数量。其中，大麦是一种重要的农产品。不仅因为它可作粮食和饲料，还因为它是酿造啤酒的重要原料。1951年，部队大生产时期已种植大麦667公顷。20世纪80年代前，兵团种植大麦主要作为饲料，虽然面积不大，但对调节农时、作物倒茬、发展牧业起到了积极作用。随着啤酒工业的发展，特别是内地啤酒厂对兵团啤酒大麦品质的发现和认可，啤酒大麦销售呈上升趋势。此外，高粱抗旱、耐涝、抗盐碱，因而成为农垦系统开发建设初期的先锋作物。同时，也是口粮和饲料的来源之一。1951年，部队生产时开始种植高粱，面积1 867公顷。

《新疆生产建设兵团统计年鉴》显示，2021年大麦播种面积为0.01万公顷，高粱播种面积为0.265万公顷，谷子播种面积为0.024万公顷，绿豆播种面积为0.006万公顷，薯类播种面积为0.558万公顷。

农作物

经济作物

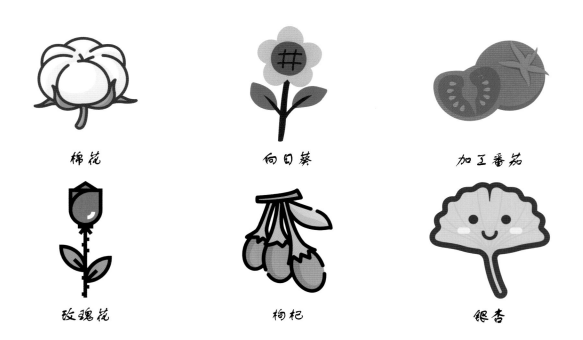

棉花　　　　　　　　向日葵　　　　　　　加工番茄

玫瑰花　　　　　　　　枸杞　　　　　　　　银杏

　　【棉花】兵团种植棉花的历史最早可追溯至1950年。是年春，中国人民解放军一兵团二军五师赴阿克苏垦区等地，当年开荒植棉1 793公顷。同年，二十二兵团第九军二十五师、二十六师奉命开赴沙湾县境内的炮台、小拐等地开荒生产，首次在北纬45°10′，东经85°03′成功试种了棉花。1951年，部队从苏联引进了C-3173等棉花良种，在南北疆垦区种植，使植棉面积迅速扩大。1959年，库尔勒垦区试种长绒棉成功。1978年以后，兵团贯彻"稳粮增棉"方针，逐年调整种植业结构，因地制宜，合理布局，充分发挥垦区植棉优势，同时，从日本引进、试验、示范、推广了地膜植棉新技术，普及推广良种，实现了"矮、密、早、膜"等栽培模式。自1995年开始，兵团试种彩色棉，色泽主要有棕色和绿色两种，种植单位主要集中在农八师。

《新疆生产建设兵团统计年鉴》显示，2021年棉花播种面积为87.013万公顷。

【油菜】油菜是兵团种植的主要经济作物之一。为了解决部队食用油的供给，1950年，部队开始大生产时就种植油菜。

《新疆生产建设兵团统计年鉴》显示，2021年油菜播种面积为0.55万公顷。

【向日葵】兵团从1953年开始种植向日葵，当年种植547公顷，多为食用向日葵。1959—1975年，逐渐由食用向日葵转向油用向日葵。在盐碱较大、瘠薄的土地上，初步显示了油葵的高产优势，经济效益显著提高，部分团场因种植油葵结束了长期亏损的状况，自此油葵成为引人瞩目的"扭亏致富"的作物，备受欢迎。

《新疆生产建设兵团统计年鉴》显示，2021年向日葵播种面积为2.416万公顷。

【甜菜】最初，种植甜菜的用途是作饲料和农场土法制糖的原料。1951年，二十二兵团农业试验场在玛纳斯河流域试种甜菜成功。20世纪50年代，中共中央新疆分局和新疆军区党委决定生产部队开创制糖工业。1959年，石河子八一糖厂建成投产，开始生产机制糖，是新疆的第一座、也是西北地区第一座规模最大的现代化糖厂，直接致使周边甜菜的种植面积迅速扩大。1970—1980年，兵团甜菜种植面积虽进一步扩大，但产量不稳定。由于小型糖厂产品质量差，经济效益低，且与大厂争原料，不符合产业政策，至1980年先后全部下马停产，导致次年兵团甜菜播种面积大幅减少。

《新疆生产建设兵团统计年鉴》显示，2021年甜菜播种面积为1.099万公顷。

【加工番茄】兵团加工番茄的种植是伴随着食品工业的开拓、发展而开始和扩大的。1988年7月，兵团农八师石河子食品厂以128万美元从意大利引进日产50吨番茄酱及210升无菌、大包装自动生产线。由此，带动了农八师石河子附近农场加工番茄的种植。此后，兵团番茄种植面积开始增加，主要产地是农一、二、六、七、八、十二师。

《新疆生产建设兵团统计年鉴》显示，2021年加工用番茄播种面积为1.13万公顷。

【啤酒花】1960年，国家轻工业部、自治区轻工业厅、农垦厅共同决定在乌鲁木齐西郊原农十二师五一农场试种啤酒花，当年种植33.3公顷，收干花1 500千克，是新疆也是兵团种植啤酒花之始。1983年，新疆维吾尔自治区计划委员会召开啤酒生产会议，要求根据产需平衡，调整面积，再次实行定点生产，兵团啤酒花种植面积逐年下降。

《新疆生产建设兵团统计年鉴》显示，2021年啤酒花播种面积为0.094万公顷。

【打瓜】打瓜作为特种经济作物种植在兵团的历史不长。20世纪80年代初期之前，打瓜虽有种植，但是既零散，数量也少，基本上以自产自销为主，少量交售给新疆维吾尔自治区供出口。改革开放以后，兵团打瓜种植逐步发展起来。此后，随着内地市场的变化，兵团种植打瓜的面积亦时升时降。

《新疆生产建设兵团统计年鉴》显示，2021年打瓜播种面积为0.998万公顷。

【红花】早在1952年，生产部队在新开垦的零星土地上已开始种植红花，主要以油用为主。1976年以后，因红花油和干花的保健药用价值引起重视，收购价格提高，同时外贸部门又组织出口，开始发展油花兼用红花，种植面积不断扩大。

【香料作物】兵团种植的香料作物有薰衣草、薄荷、玫瑰花等。薰衣草是香料工业主要的天然香料之一，兵团于1964年引种，1969年接受轻工业部安排，建立薰衣草基地。2003年，六十五团被农业部命名为"中国薰衣草之乡"。2005年，农业部批准农四师为全国香料示范基地。薄荷是1961年开始引种，1989年正式投入生产。玫瑰花是60年代初引进并零星种植，2002年，农八师一五二团种植133公顷。2003年，中国农学会特产经济委员会授予该团"中国玫瑰之乡"的称号。

《新疆生产建设兵团统计年鉴》显示，2021年香料原料播种面积为2.756万公顷。

【药用植物】兵团药用植物资源丰富、分布广、数量多，野生和栽培的药用植物主要有：甘草、红花、枸杞、贝母、板蓝根、雪莲、罗布麻、大芸、麻黄、当归、党参、阿魏、银杏、辛夷、麦冬等。甘草是大宗中药材，在兵团分布面广、蕴藏量大。1950年，部队垦荒时，将挖出的野生甘草精选后，截枝晾干，销往内地制药厂。20世纪70年代，开始人工种植、培养甘草。枸杞，最早由芳草湖农场于1958年从宁夏引进试种。1992年，新华社播发《枸杞富了精河人》电讯，枸杞效益震动南北疆，兵团栽植面积有较大幅度增长。在各连队果园周围种植，兼作果园的篱笆墙，亦可收果实作药材。贝母分野生和栽培两种，兵团以人工栽培贝母为主。1969年，农五师八十七团试种野贝母鳞茎1公顷。板蓝根，在兵团已有多年种植历史。1992年，种植3.35公顷。大芸，又名肉苁蓉，生长在荒漠、河滩中，寄生于梭梭、红柳根上，故又分梭梭大芸和红柳大芸，农四、五、六、八、十师人们投工采挖的较多。1992年，农五师八十二团与新疆中药民族研究所签订协议，开始实施人工种植红柳大芸。2005年，农十四师二二四团开始建设人工红柳大芸基地。

《新疆生产建设兵团统计年鉴》显示，2021年药材播种面积为1.439万公顷。

农作物

饲料作物

紫花苜蓿

青贮玉米

【苜蓿】苜蓿草肥兼用，它既是优质饲草，又是优质绿肥，还是作物倒茬的优良前茬作物。1950年，驻疆部队开展大生产运动时就开始种植苜蓿，品种以紫花苜蓿为主，面积达173公顷，占当年生产总播面积的0.31%。在长期的农牧业生产实践中，各农牧团场把种植苜蓿作为改良土壤、培肥地力、生产饲草发展畜牧业的重要措施。

《新疆生产建设兵团统计年鉴》显示，2021年苜蓿（包括当年新播）播种面积为2.886万公顷。

【青贮】兵团制作青贮饲料始于1952年，原料是玉米秸秆，最初仅在实验场试行，1956年才普遍推广。1987年，农四师等单位种植多穗高粱，收获时叶片和茎秆都呈绿色、含糖量较高，是良好的青贮饲料原料。

《新疆生产建设兵团统计年鉴》显示，2021年青贮玉米播种面积为2.597万公顷。

Ⅲ 兵团种植业机械化与装备

兵团发展农业机械化的重点是种植业。

兵团成立前，机械作业仅限犁地、耙地、播种三项，主要农田作业依靠人畜力完成。1952年建立机耕农场，坚持人力、畜力、机力并举，逐步用机力取代人、畜力，有选择地发展机械作业项目，由点到面普及机械耕作、机械整地、机械播种。

兵团成立后，随着机械装备的增加和机械化程度的提高，逐步形成了主要作物的机械化作业工艺。到1957年，已初步实现耕、耙、播机械化作业。1962年兵团73项田间和晒场作业中，有58项使用机械，工序机械化程度接近80%；作物种植按工作量法计算，主要作业平均机械化程度已达到87.74%。

"文化大革命"期间种植业机械化水平停滞不前，一些机械作业项目还出现滑坡。1975年按面积计算，种植业机械化程度下降至75.9%。

　　1979—1983年，兵团恢复以后，种植业机械化程度又逐步恢复到1965年的水平，其中谷物收获、茎秆还田、化学除草等项目的机械化水平有了明显提高。

　　1984—1986年，因兴办家庭农场，承包到户，条田变小，机耕、机播、机收面积减少，机械化程度有所下降。1987年，兵团农机工作会议后，种植业虽实现了"六统一"，有望提高机械化程度，但由于调整作物结构，增加了机械化程度较低的棉花等经济作物播种面积，因此，到1988年，按面积计算的主要农田作业机械化程度仍只有79.53%。其中：三麦（冬小麦、春小麦、大麦）、水稻、高粱、油菜、油葵、牧草种植、绿肥种植，实现了全过程机械化；玉米、棉花、甜菜除收获环节外，其他田间作业基本实现了机械化。

　　由于耕作制度的改变，新技术的应用和精准农业的实施，20世纪80年代末起，机械化作业工艺产生了较大变化。1989—2000年，种植业机械化程度稳步发展，达到85%左右。制约机械化程度提高的棉花、甜菜、番茄、土豆等作物机收的研究、试验工作也有不同程度的进展。以兵团特色中耕作物棉花为例，近年来，新疆以机械化采收为主线，集成种子处理、种床整备、精量播种、脱叶催熟、机械收获和储运加工等关键技术，建立棉花生产全程机械化技术体系，实现规模化推广应用。

　　截至2022年初，兵团种植业耕种收综合机械化率95.3%，机采棉面积82万公顷（1 230万亩），棉花机采率94.2%。

兵团主要农业机械化作业项目水平

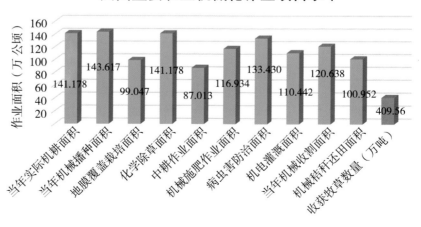

作业工艺
20世纪60年代

兵团成立前，机械作业仅限犁地、耙地、播种三项，主要农田作业依靠人畜力完成。兵团成立后，随着机械装备的增加和机械化程度的提高，逐步形成了主要作物的机械化作业工艺。1962年兵团机务处在调查研究的基础上，根据草田轮作要求，提出了5种作物的机械作业工艺。

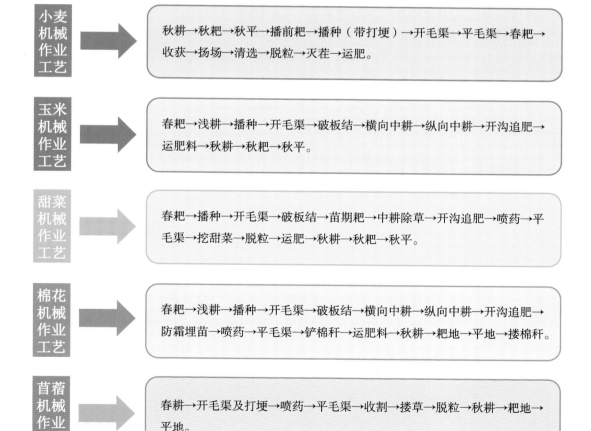

小麦机械作业工艺

秋耕→秋耙→秋平→播前耙→播种（带打埂）→开毛渠→平毛渠→春耙→收获→扬场→清选→脱粒→灭茬→运肥。

玉米机械作业工艺

春耙→浅耕→播种→开毛渠→破板结→横向中耕→纵向中耕→开沟追肥→运肥料→秋耕→秋耙→秋平。

甜菜机械作业工艺

春耙→播种→开毛渠→破板结→苗期耙→中耕除草→开沟追肥→喷药→平毛渠→挖甜菜→脱粒→运肥→秋耕→秋耙→秋平。

棉花机械作业工艺

春耙→浅耕→播种→开毛渠→破板结→横向中耕→纵向中耕→开沟追肥→防霜埋苗→喷药→平毛渠→铲棉秆→运肥料→秋耕→耙地→平地→搂棉秆。

苜蓿机械作业工艺

春耕→开毛渠及打埂→喷药→平毛渠→收割→搂草→脱粒→秋耕→耙地→平地。

作业工艺

20世纪70—80年代

　　"文化大革命"虽然对兵团的农业机械化造成了重大损害，但多年形成的机械作业工艺仍然得以延续。"文革"后，一些农场片面理解精耕细作，不合理地增加机械作业层次，增加了机耕费用和农业生产成本。据哈管局红星二场提供的数据，1979年全场播种面积2.7万亩，拖拉机田间作业量47.65万标准亩，每亩投入机械作业13.6个标准亩，主要是耙地、平地次数过多所致。1980年，新疆农垦总局在红星二场召开小麦生产现场经验交流会议，新疆农垦总局机务处提出了五种作物三类机械作业工艺，印发与会代表参考。1981年初兵团经营管理会议印发的参考资料显示，1980年与1979年相比，每亩平均机械作业费用下降的农场有43个，基本持平的有51个。机耕费用增加的农场主要是因为调整种植业结构，增加了经济作物播种面积。此后，机械作业层次趋于稳定。

冬小麦

伏耕1次，耕深20~22厘米，带合墒器（4~5年混层深耕1次以改良土壤）→圆盘耙耙地1次（黏重土用缺口耙）→赤地开沟、开毛渠、平毛渠各1次→钉齿耙耙地保墒1次→播种带施肥打埂1次→春耙1次→条追肥1次→化学除草，喷洒植物生长剂各1次→收获1次→灭茬1次→运肥、运种、运粮共4次。

春小麦

秋耕1次、耕深22~24厘米→圆盘耙耙地1次→播种（带施肥、打埂）1次→化学除草，喷洒1次→条追肥1次→开毛渠、平毛渠各1次→收获1次→灭茬1次→运种、运肥、运粮各1次。

中耕作物

秋耕1次→圆盘（或缺口）耙耙地1次→平土1次→赤地开沟、开毛渠、平毛渠各1次→钉齿耙耙地1次→播种1次→中耕除草3次→开沟追肥1次→化学除草1次→喷药2次→开毛渠1次→秸秆还田1次（或拔棉柴1次）→棉花打顶尖1次→玉米、高粱苗期耙地1次→运肥、运种、运产品共4次。

作业工艺

由于耕作制度的改变、新技术的应用和精准农业的实施，20世纪90年代以后，机械化作业工艺产生了较大变化。

冬小麦

灭茬→运基肥→撒基肥→伏耕→耙地→平地→赤地开沟（或打畦埂）→开毛渠→灌溉→平毛渠→化学除草、拉运种子肥料→播种带筑埂→镇压→开毛渠→冬灌→追返青肥→春耙→追穗肥→喷洒（喷药或植物生长调节剂）→平毛渠→收获→运粮→茎秆切碎还田→扬场→清选→入仓。

早春播种作物：春小麦、油菜、红花、胡麻等

秋耕（或春浅耕）→春耙→平地→开沟→开毛渠→平毛渠→化学除草→耙地→平地→运种子肥料→铺膜播种→中耕松土→中耕除草→喷药→开沟追肥→开毛渠→棉花脱叶→收获→茎秆还田→拉运产品→残膜回收。

中耕作物：棉花、玉米、高粱、大豆、油葵等

秋耕（或春浅耕）→春耙→平地→开沟→开毛渠→平毛渠→化学除草→耙地→平地→运种子肥料→铺膜播种→中耕松土→中耕除草→喷药→开沟追肥→开毛渠→棉花脱叶→收获→茎秆还田→拉运产品→残膜回收。

耕整地机械
联合整地机

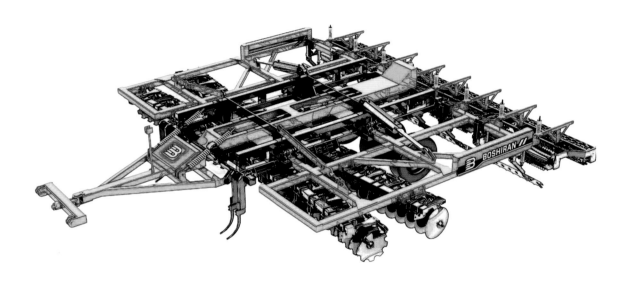

【犁耕】20世纪50年代初期，年轻的解放军战士用扛枪的肩膀拉起古老的木犁，把希望的种子播进这片沉寂的土地。第一代兵团人响应党的号召，扎根天山南北，铸剑为犁，屯垦戍边。1950年，购进苏联产牵引式五、四、三铧犁30余架。1951年春，在各机耕农场使用。到1957年，兵团共购进国外各型机引犁730余架。1956年后，开始购进国产牵引式重、中型五、四铧犁，悬挂式三、二铧犁。1959年后，开始使用液压升降重、中型五、四铧犁。1981年，农八师石河子油泵油嘴厂研制出液压翻转五铧犁。1985年，又批量生产三种悬挂式液压翻转双向三铧犁。是年，兵团又陆续引进美国、英国、联邦德国、意大利产双向犁。2013年，新疆科神农业装备科技开发有限公司在吸收国外品牌液压垂直翻转犁技术的基础上，开发出适应新疆本土情况的1LCF系列液压垂直翻转犁，并通过新疆维吾尔自治区农机鉴定。

【耙地】耙地使用的机具有重、中型钉齿耙、圆盘耙、木质铁齿方框平地耙、缺口圆盘耙。1950年，军区生产部队购进苏联产重型、中型机力钉齿耙、弹齿耙、41片双列圆盘耙。1952年，购进重型缺口圆盘耙、圆盘灭茬器。1956年，使用自制重、中型钉齿耙。1959年和1965年，使用国产和地产的41片圆盘耙、重型缺口圆盘耙、偏置式圆盘耙。1980年，引进联邦德国产弹齿组合耙。2015年，新疆科神农业装备科技开发股份有限公司对驱动耙的耙齿轴结构、耙齿布局、耙齿座进行优化设计，改进后的机具可一次性完成耕后碎土、平整和镇压作业，达到"上实下虚"播前耕作高质量苗床准备的要求，同时不会破坏深层土壤，具有作业效果好、工作效率高等优点。

【平地、镇压】平地、镇压使用的机具有木、铁质方框平地器，大跨度刨式平地机，环型、V型镇压器。1954年，购进苏联产环形镇压器，1959年后，使用国产和地产环形、V型镇压器。1981—1985年，兵团推广400余台大跨度刨式平地机，代替了方框平地机。

【复式作业、联合整地】1954年苏联专家赫维利亚提出"合理增加负荷，加大油门，快速作业"的建议，在全兵团实施后，不但降低了油耗，还使犁地工效提高了12%。为保证拖拉机全负荷作业，农七师、农八师广泛推广复式作业，如犁、耙、镇压三联作业；开沟、打埂、平地、镇压四联作业。1960年曾搞过浅耕、耙地、平地、打埂、播种、镇压6道工序一次完成的复式作业，由于串联农具一大片，地头转弯不方便，难以完成班次作业定额。随着农具性能的改善和机械装备数量的增加，1965年后在耕整地作业中，已很少采用串联复式作业方法。为提高整地质量，减少拖拉机对耕地碾压次数，兵团于20世纪80年代中期引进了联合整地机，各农机厂也研制了各种联合整地机，大大提高了整地效率。新疆农垦科学院和农七师五五农机厂共同研制出1LZ系列联合整地机，并于1994年通过新疆农牧机械试验鉴定站的性能测定和生产查定。此后，对在联合整地机使用中发现的问题不断改进，2003年该机被评为国家重点新产品。该系列机具是在吸收国内外先进的结构形式和工艺技术基础上，采用两项拥有自主知识产权的专利，创新研制的新一代整地机械，突破了国内外整地机械的设计模式，将圆盘耙、平土框、钉齿耙优化组合，一次作业即可完成松、碎、平整和镇压四道工序。

【大马力拖拉机】耕整地为重负荷机械作业，多使用大、中型链轨式拖拉机牵引多铧犁作业。1957年前，主要用C-80拖拉机牵引2台五铧犁、ДТ-54拖拉机牵引一台五铧犁或四铧犁，班次耕地在80～170亩。1959年以后，国产东方红-54/75拖拉机，逐步取代了C-80和ДТ-54拖拉机。但由于国产链轨式拖拉机功率偏小，在石河子、奎屯、焉耆等垦区，土壤比阻较大，只能牵引四铧犁，少数农场只能牵引三铧犁，工效较低。1979年后，兵团先后引进南斯拉夫IMT-578/579、民主德国ZT-303/323、美国JD-4450、万国989等大功率轮式拖拉机和配套犁，部分取代国产链轨式拖拉机，担负耕整地作业，工效有较大提高。1995年后又陆续引进迪尔、凯斯、纽荷兰、维美德、福格森等厂家的大马力拖拉机。在兵团农机发展史上，从20世纪60年代的链轨式拖拉机到如今的大马力轮式拖拉机，经久变革，已发展成一个规模庞大的现代农机群。

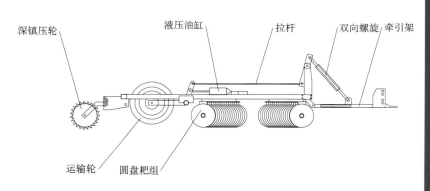

深镇压轮　　　　　　　　液压油缸　　　拉杆　　　双向螺旋　牵引架

运输轮　　　圆盘耙组

技术特点：

☐ 一次可完成松土、碎土，平整和镇压等作业，产品结构强度好，作业效率高，作业后地面平整，土壤上虚下实，蓄水保墒性好，创造高标准播种条件；

☐ 机具上配有耙组调节器，能轻松地调节耙组角度，适应不同土壤；

☐ 配有独特的灭印器，使机具在工作中将拖拉机压的轮印轻松修复平整，整地效果更加出色。

外形尺寸（长×宽×高）	7 400 mm × 5 800 mm × 1 500 mm
配套动力	125 ~ 162 kW
整机重量	4 500 kg
工作幅宽	5 600 mm
设计耙深	100 mm
耙片间距	170 mm
运输间隙	≥300 mm
作业速度	7 ~ 9 km/h

播种机械

精量铺膜播种机

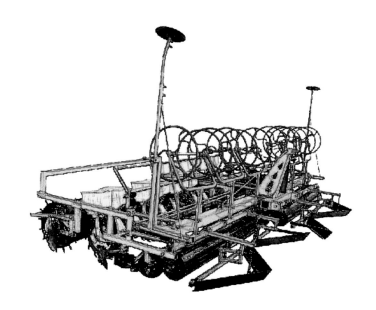

　　1950年，军区生产部队大量购进苏联10行畜力播种机，以及部分机引24行谷物条播机和C-11型联结器，翌年秋投入使用。1952年，购进苏联产机引4行靴式棉花条播机、47行机引谷物条播机。1958年后，购进国产24行、48行谷物条播机。

　　1956年，玉米、棉花推广方形窝播，兵团购进苏联和国产玉米、棉花带球结钢丝绳的方形窝播机160余架。1961年购进苏联产带球结钢丝绳的CKTH-6和CTBX-4玉米、棉花精密方形窝播机200余架。1965年，兵团农机研究所研制成功棉花、玉米综合精密播种机，1966年，批量生产240余架。1978年，新疆农垦总局从南斯拉夫、国内石家庄、辽宁复县购进6行、12行气吸式、气吹式综合精密、半精密播种机，用于播玉米、黄豆、棉花等多种作物。

　　1978年，农二师二十九团使用民航Y-5型飞机飞播水稻成功，为机械化播种开创了新途径。

1981年，兵团引进地膜棉花栽培技术。1982年，兵团各植棉农场自行研制了多种复式铺膜点播机。当时还在一三〇团机械厂工作的陈学庚院士认领了研发机械化铺膜装备的艰巨任务，通过多项技术创新，创制出2BMS系列棉花铺膜播种机。1985年，农一师八团的2BMG-2/6型和农七师一三〇团的2BMS-2/6型滚筒式专用铺膜播种机，经鉴定定型，投入批量生产。1986年，地膜覆盖技术由棉花扩大到玉米、打瓜、蔬菜、甜菜等作物。随着地膜覆盖栽培技术的推广应用，铺膜机具已由单一的地膜覆盖机、打孔器、点播器等单项作业机具，逐步发展到开沟、施肥、播种、喷药、铺膜、铺管、覆土等作业一起完成的联合作业铺膜播种机，播种方式也由机械式发展为机械式和气力式并用。

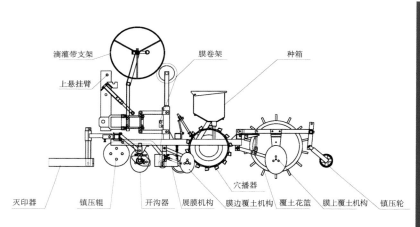

技术特点：
- □ 能同时完成种床整形、开沟、铺膜、铺管、压膜、膜边覆土、膜上打孔穴播、膜上覆土、种行覆土和镇压等作业工序；
- □ 播种精度高、播深一致、株距均匀；
- □ 带膜上覆土装置，可抵御低温、降雨等自然灾害对出苗的影响；
- □ 种行覆土正封土、侧封土可调；
- □ 整机结构紧凑，使用、调整、维护方便。

外形尺寸（长×宽×高）	2 580 mm × 7 300 mm × 2 680 mm
配套动力	100 ~ 200 kW
地膜宽度	2 050 mm
行距	100 mm+660 mm+100 mm
穴粒数	1或2
穴粒数合格率	≥90
空穴率	≤3
作业速度	3 ~ 4 km/h

田间管理机械

施肥机

20世纪70年代以前，农家肥靠人拉爬犁和畜力车往田间运送，人力摊撒，拖拉机翻压。1976年以后，农家肥运送使用农用运输机械，实现机械化，各团场还改装了五铧犁，在翻地同时，深施农家肥。化肥作种肥时，在播种时施入土壤。20世纪60年代前，播种机不带种肥箱，种肥施用较少。20世纪70年代，国产条播机和中耕作物播种机均带有肥料箱和排肥装置，可满足施少量种肥的需要。20世纪80年代，推广分层施肥、一次施肥技术，小麦播种时，两台播种机串联作业，一台播种，一台施肥，基本上保证了种肥施肥量。追加化肥开始用手撒。1979年后，小麦追肥用24行播种机，中耕时则用中耕追肥机。小麦、棉花、油葵结合飞机防治，进行叶面追肥，水稻利用飞机撒施化肥。

1980年，农八师试用液氨，改装4.2型万能中耕机追施液氨。与施用等量尿素相比，每亩节约肥料费用3元，各类作物均有不同增产。1984年1月，兵团召开液氨农用工作会议，决定在农一师、农二师、农六师、农八师建立液氨站。是年，兵团农机所在中耕机上，改装成2FYA-4.2液氨施肥机，石河子农学院农机系研制出配套的流量控制仪，该机当年在一四三团、一四四团液氨施肥作业中效果较好。1984年8月，农牧渔业部、化工部在兵团召开全国液氨施肥现场会，参观农六师、农八师液氨施肥现场，总结、推广兵团施用液氨经验。1997年，农八师的"液氨直接施肥技术研究与应用"获得国家科学技术进步奖三等奖。现在液氨施肥以滴灌施肥为主，即液氨定量输入滴灌系统，这是水肥一体化的主体工程；另一种是冲施，即液氨定量送入水渠。

自2015年以来，石河子大学蒙贺伟等联合石河子市开发区锐益达机械装备有限公司，结合新疆林果种植模式以及施肥作业要求，先后共同完成了果园开沟机、条施机、开沟施肥一体机、厩肥与颗粒肥混施机等系列果园施肥机械装备的研究，开发产品6台套。其中，2KF-30果园厩肥深施机主要由圆盘开沟装置、刮板输肥装置、搅龙强制排肥装置以及自导流覆土装置以及机架等组成，可一次性完成开沟、施肥、覆土作业，施肥量及施肥深度可调，主要用于葡萄、红枣、核桃以及主干型果园等林果作物的机械化施肥作业，具有深开沟、大施肥量、高效率、施肥均匀性高等优点，可有效减少人工作业劳动强度，降低生产成本，提高果园机械化施肥水平。新疆生产建设兵团农业机械检验测试中心检测结果为：施肥深度336毫米，有机肥施肥量9.9千克/米，断条率0%。果园厩肥深施机累计销售58台，累计作业面积4 000余亩。用户满意度较高，受到广泛好评，取得了巨大的经济效益和社会效益。

近年来，滴灌施肥技术快速发展，随着兵团农业规模化、机械化的推进，棉花膜下滴灌施肥（水肥一体化）得到了大力推广，在作物节水、节肥和作物增产以及肥料利用效率方面效果显著。石河子大学张立新等成功开发出复合液态肥精准施肥系统，成果先后获得八师石河子市工业及高新技术科技攻关项目、科技部国际杰青计划及国家自然科学基金等项目的支持。项目成果重点突破了精准施肥控制系统设计、云存储运维服务平台设计、软管泵轻量化设计等关键技术，2019年研制出Ⅰ型复合液态肥精准施肥机，2020年研制出Ⅱ型复合液态肥精准施肥机，在石河子、昌吉、克拉玛依、图木舒克、轮台等地示范150余套，推广面积46 000余亩，广受好评。系统实现施肥误差≤1%，施肥流量0.75～1.95 m³/h，施肥响应时间≤2.7 s。

随着兵团畜禽养殖集约化程度越来越高，畜禽粪污污染综合防治也更加注重成熟的处理技术、成套的技术模式和成体系的生态循环，研究适合兵团的畜禽粪便生产专用有机肥关键技术以及农田土壤有机肥施用关键技术和配套农业施肥装备显得尤为重要。石河子大学盛金良等联合塔里木大学、新疆农垦科学院、兵团畜牧兽医工作总站、农业农村部环境保护科研检测所、新疆万康诚一肥业有限公司、石河子新业农牧生物发展公司等单位，大力发展精准施肥，积极改进施肥方式，正在开发基于PLC、GSM、北斗卫星定位等控制模块的精准操控施肥系统，以期能够实现精准施肥、自动注肥与远程控制等功能。同时，在熟化配肥装置、混合装置、肥水控制装置等关键技术的基础上，集成精准操控施肥系统技术优势，研制适用于农田的畜禽有机肥的撒施装置，并对装置的作业稳定性、操作性、抛撒均匀性等评价指标进行性能试验与优化，确保施肥精度误差≤10%，施肥均匀性变异系数≤30%，最终实现施肥装置定量加料、自动施肥，均匀施肥。

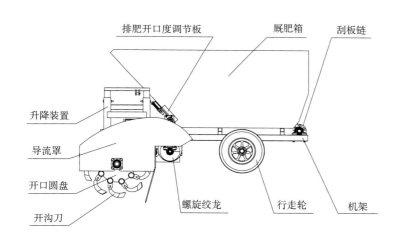

技术特点：
- 一机多用，开沟、施肥、回填一次完成，输送链排多个档位，可以调节厩肥施肥量与撒施速度；
- 该装备采用刮板输送、搅龙或皮带输送+导流板等方式，实现有机肥破拱以及稳定输送，保证施肥效果；
- 具有施肥量大、作业效率高等特点，有效提高了有机肥深施作业机械化水平，降低了劳动强度和生产成本。

外形尺寸（长×宽×高）	2 720 mm × 1 900 mm × 1 480 mm
配套动力	≥45 kW
料箱容积	1.7 m³
施肥行数	1
开沟宽度	25~30 cm
开沟深度	0~40 cm
作业速度	0.9~1.2 km/h
亩施肥量	≥1.5 m³

田间管理机械

中耕机

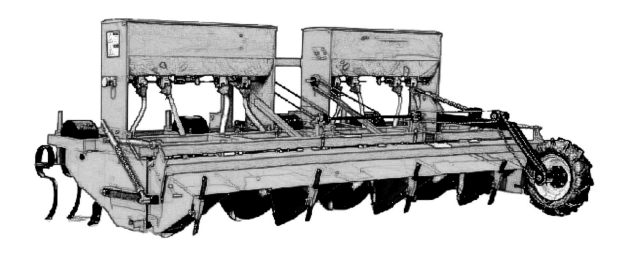

【苗期耙地】1953年，兵团部分农场用链轨式拖拉机牵引中、轻型钉齿耙，采用横向作业，对冬小麦等密植作物实施苗期耙地，达到松土、防盐碱、灭草、保墒和提高地温的目的。1954年，普及推广，伤苗率由10%降低到5%以下。1962年，农四师十二团（今七十一团）制成一种钉齿木梁活动联结、可纵横仿形的除草耙，用于玉米、棉花、大豆、高粱、芝麻等苗期耙地，伤苗率3%～7%、杀草率70%～80%。20世纪70年代后，化学除草面积逐年增加，80年代推广地膜覆盖，除小麦春耙仍为常规作业项目外，中耕已基本不进行苗期耙地作业。

【横向间苗】1957年，在苏联专家果列洛夫指导下，试验棉田机械化横向间苗，农七师二十团当年节省间苗用工1.06万个工日，农八师机耕农场采用机械横向间苗技术后，管理面积提高9.5%。到1959年机械横向间苗技术已在兵团普及，随着精量播种面积的增加，尤其是地膜覆盖栽培后，已很少进行这项作业。

【中耕、开沟、追肥】棉花、玉米、甜菜、大豆等中耕作物，苗期一般需进行3～5次中耕、开灌水沟和追肥等作业。1953年前，使用苏联进口的马拉中耕器中耕，1954年，中耕作物等行距播种，开始使用КДП-35窄链轨拖拉机带苏联产KYTC-4.2型和KYTC-2.8型牵引式万能中耕机进行中耕除草作业。1959年后，兵团购进苏联产KPH-4.2型和KPH-2.8型及悬挂式可中耕、开沟、追肥的中耕追肥机270余架。1960年，购进与ДТ-24-3В型拖拉机配套的HKY-4-6A全悬挂中耕追肥机140余架，使中耕除草、开沟、施肥机械作业一次完成，提高了机械化水平。改革开放以来，兵团农业机械化事业得到了长足发展，农业机械化水平稳步提高，主要农作物的中耕环节已全面实现机械化。

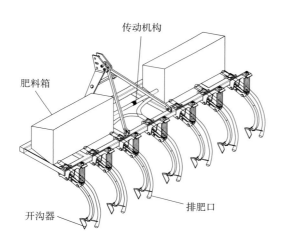

技术特点：

□ 将机架设计成组合式，通用性好，适应性强，结构简单，维护方便；

□ 设计了新型组合施肥开沟器，能将肥料施到要求的工作层上；

□ 肥箱设计成大容积式，排肥采用大外槽轮，保证大的施肥量，停机肥料不自流，肥量调节方便；

□ 根据不同的作业要求，该机可组装成以下工作状态：中耕状态、中耕施肥状态、施肥培土状态、培土状态。

外形尺寸（长×宽×高）	1 058 mm × 5 600 mm × 1 300 mm
配套动力	≥55 kW
工作幅宽	5 400 mm
行距	300 ~ 700 mm
肥箱容积	150 L
挂接方式	三点后悬挂
作业深度	30 ~ 180 mm
作业速度	3 ~ 6 km/h

田间管理机械

植保机

【病虫害防治】20世纪50年代，以人、畜力喷雾、喷粉为主进行病虫害防治，机械作业面积很小。1954年，购进苏联产OKC机引联合喷雾喷粉机。1959年，购进与ДT-24-3B型拖拉机配套的全悬挂4～6行和4～8行喷雾喷粉机，用于棉田病虫害防治。60年代中期，引进国产背负式、担架式机动弥雾喷粉机。70年代，哈管局大修厂研制成功反修-600轴流喷粉机。随着植保机械的增加，病虫害防治机械化程度逐步提高。

【航空植保】1960年，新疆维吾尔自治区科委、新疆农业科学院、兵团农机研究所联合在农七师二〇团（今一二三团）和车排子二场（今一二七团）进行棉田航空系列作业试验，包括喷药、追肥、化学整枝、催熟等作业项目，揭开了航空植保的序幕。60年代，农九师蝗虫灾害严重，多次进行航空草原灭蝗作业，效果显著。

【化学除草】1960年，在农七师二〇团（今一二三团）首次使用飞机作棉田化学除草试验。1962—1970年，兵团开始小面积试用化学除草剂。1972年，农一师一团在240公顷稻田里，施用化学除草剂防治稗草和三棱草，取得明显效果。1973年，农二师二十四团应用除草醚在稻田防除稗草获得成功。同时在小麦田、稻田防除杂草，也取得明显效果，逐广泛推广应用，化学除草基本实现了机械化。

近几年兵团引进了以色列、巴西、意大利等不同国家生产的风幕式大型喷杆喷雾机，新疆农垦科学院也进行了研发，这种喷雾机在田间管理、化学脱叶催熟中发挥了优势。航空喷雾设备在兵团也有广阔的发展前景，近年来兵团引进了德国、日本等不同国家生产的风送式果园喷雾机，飞机作业不仅效率高，而且节省大量人力和农药。随着计算机的广泛应用，植保机械也将向自动比、智能化方向发展，通过计算机精确识别施药部位、计算喷施面积来控制施药量，降低农药对环境的污染。

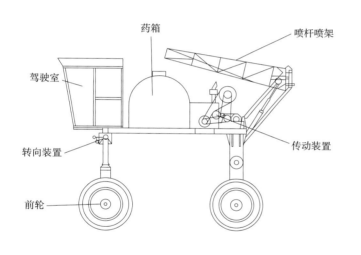

技术特点：

☐ 利用喷杆自身重力使喷杆与地面自动保持水平，并通过摩擦阻尼装置调整喷杆自动平衡的灵活度；

☐ "单泵+四马达"液压驱动系统，根据轮边马达的转速差，通过分流集流阀调整液压油流量分配，实现直线行走、转向以及行走防滑；

☐ 四轮独立式气液组合悬架，通过蓄能器和空气弹簧组合吸收不同频率的振动。

外形尺寸（长×宽×高）	7 500 mm × 3 950 mm × 3 550 mm
配套动力	118 kW
药箱容积	3 000 L
整机重量	8 000 kg
喷杆长度	25 m
地隙	1.4 m
喷杆	液压折叠、升降
作业速度	8～18 km/h

收获机械
采棉机

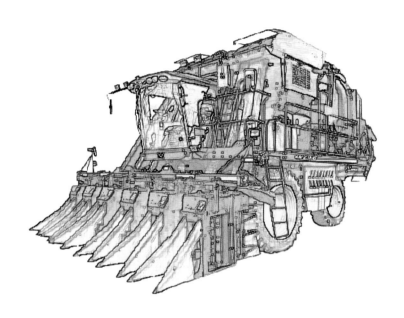

　　1952年兵团从苏联引进CXM-48采棉机，于1953年在二十二团乌兰乌苏农场（现一四三团）首次进行机采棉试验，因行距不配套无法使用。1954—1956年车排子及下野地垦区均进行过机采棉试验，1956年农七师二〇团机械采棉730亩，因含杂过多，无配套清花设备，未能推广。1958年农垦部与农二师焉耆大修厂共同研制一台悬挂摘棉铃机，在塔里木一农场进行一次性采摘霜后花试验，最终只作业了1～2小时。1960年又从苏联引进CXM-48M和XBC-1.2两种采棉机，比人工采棉含杂量高15～20倍，收获成本高，农场不能接受。1965—1966年中国农业机械化科学研究院在车排子二场试验悬挂气吸式采棉机、采净率94%～96%，含杂率0.32%～0.69%，但工效很低，一次性投资大，不能推广。1971年兵团在农七师大修厂（现五五农机厂）成立采棉机研制组，先后研制了多种采棉部件，其中锯齿滚筒气吸式采棉机于1972—1974年在一二九团进行过两轮59次试验，采摘率已达93.5%、落地棉0.5%～1.63%。尼龙丝刷橡皮叶片斜摘辊一次采棉机于1974年在一二九团、一二七团试验12次，采净率95.47%、落地棉2.36%，同时可摘青铃84.2%，落地铃2.6%。1975年兵团撤销，采棉机研制组解散。

兵团于1989年和1992年分别进行了机械化采棉研发工作，但均未取得明显进展。1995年底，兵团机采棉试验示范项目正式立项。引进迪尔9965型自走式五行采棉机1台，990型背负式采棉机2台。此后每年兵团都举办机采棉现场会总结经验，为大面积推广机采棉奠定了基础。兵团机采棉引进试验示范项目的实施，吸引了国内外许多知名棉机企业积极参与项目，为项目的实施提供了先进的技术装备，极大地推动了我国棉花收获机械化应用进程。

棉花采收机械化是国家科技部"九五"科技攻关项目，1996年由新联集团牵头主持，新疆农业科学院、新疆农垦科学院、新疆农业大学共同组成攻关课题组，进行国产采棉机的设计、研制。1998年第一台国产4MZ-3型自走式采棉机问世，当年在兵团农一师一团试验基地进行采收试验，1999年通过科研成果及新产品鉴定。棉花收获机作业时，棉株相对由扶导器导入立式栅板和压紧板之间的摘棉区。通过采摘器，将籽棉从棉桃中取出，经传送通道被风机气流吹送，通过输棉管进入集棉箱。

从2002年开始，石河子贵航农机装备有限责任公司在与兵团农八师合作中，通过引进先进机型，在消化、吸收的基础上研制生产出4MZ-5型自走式采棉机，主要由采摘器、气流输送装置、集棉箱及驱动部分组成，达到当时国际先进水平，通过了中国机械工业联合会的科学技术成果鉴定，并荣获"国家重点新产品"证书，国产采棉机有了零的突破。自贵州平水机械有限责任公司在石河子市建立采棉机研发生产基地以来，兵团国产采棉机研发创新步伐不断加快，但核心技术难题一直无法突破。采棉机制造是一项涉及多个学科与不同领域的高科技系统工程。兵团坚持走自主创新之路，与国内多家科研机构、农机企业共同探索，持之以恒地推进具有先进技术水平的采棉机国产化。新疆天鹅现代农业机械装备有限公司，近年向高端采棉机制造发起技术攻坚，并于2019年研制出首款国产六行打包采棉机，2020年研制出世界首台三行打包机。2022年启动高端采棉机智能制造项目，集中突破了一批关键核心技术并实现优化集成，研制出新型六行自走式打包采棉机，整机国产化率达到93%，填补了国内市场空白，具有动力强、采净率高、纤维损伤小等特点，主要指标达到国际先进水平。新型采棉机的成功研发制造，攻克了国产采棉机技术"卡脖子"难题，为我国棉花收获自主可控提供了关键技术装备支持。

2023年，一款由新疆润丰供销合作社联合社有限公司制造，并且拥有完全自主知识产权的履带摘锭伸缩式新型长绒棉采棉机亮相中关村论坛。此款新型采棉机的棉花采摘头对棉花种植模式要求更宽泛，可根据棉花种植的行距调整采收行距，采用履带摘锭回转式采棉、摘锭伸缩式退棉，能兼容棉花种植高产量、高品质模式，突破了国外采棉技术及部件的垄断。

经20多年的努力，兵团采棉机实现从无到有，从依赖进口到国内组装，再到自主研发，从试验示范到广泛普及的重大转变。"兵团造"已经成为全国采棉机行业的领军品牌，不断精进的"兵团造"采棉机将为兵团高质量发展提速增效，对于提高新疆棉花质量、增强棉花产业国际竞争力具有重大意义。

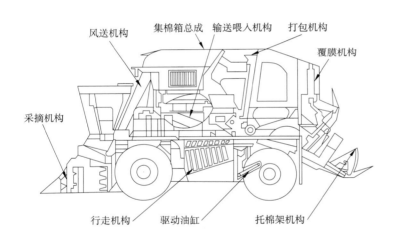

技术特点：
- 采净率高，对纤维损伤小，采摘棉花含杂率低，保持自然形态；
- 打包系统采用可控的连续均匀排棉技术以及强制喂入系统，有效减少了堵塞概率；
- 自主设计的高端驾驶室、动力换挡变速箱、人机工作界面，人性化设计使操作更舒适；
- 整车采用CAN总线智能控制系统，能够实现自动监测、故障报警、水分监测、自动对行等功能。

外形尺寸（采摘）（长×宽×高）	10 135 mm × 5 945 mm × 5 245 mm
发动机功率	410 kW
采棉头数量	6
整车净重	30 000 kg
摘锭总数量	3 360
作业速度	7.1、8.5 km/h
棉模重量	1 000 ~ 2 200 kg
纯工作小时生产率	1.6 ~ 2.3 hm²/h

收获机械

谷物收割机

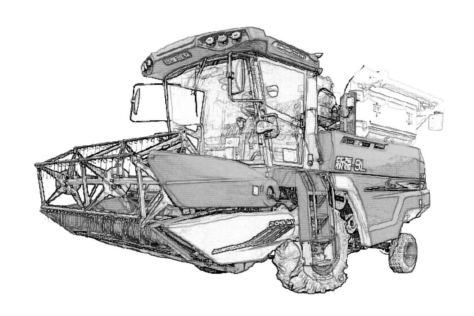

　　谷物主要包括稻米、小麦、玉米、大豆及其他杂粮，是人类饮食的重要组成部分。兵团戍边屯田历史悠久，粮食种植经验丰富，自1949年新疆和平解放后，为巩固边防，加快新疆发展，减轻新疆当地政府和各族人民的经济负担，开展了大规模的生产建设，当年实现粮食大部分自给，如今兵团小麦、玉米、水稻等主要粮食作物（谷物）已全面实现机械化采收。

　　【小麦】1950年，兵团小麦全部使用镰刀收割。1951年，引进苏联马拉摇臂收割机，使用畜力半机械化农具收割。1952年，从苏联购进C-6牵引式谷物联合收割机，是年7月在军直头屯河农场和石河子机械化实习农场试行收获小麦。这是新疆首次机械化收获小麦，当时迪化市（今乌鲁木齐市）各族各界代表3 000余人前往参观。1953年，军区生产部队又购进苏联产C-4自走式谷物联合收割机。1958年后，因小麦播种面积迅速扩大，收割机械补充缓慢，只能实行人畜机力并举的方针。每到割麦时各级都成立夏收指挥部，下达动员令，机关停止办公、学校停止上课、商店关门停业，人人挥镰上阵。1959年根据苏联专家克西洛夫的建议，推广小麦分段收割法。农八师1964年调查，采用先割晒后捡拾脱粒的分段收割法，节约劳力7%～9%，提高机收工效20%～30%，减少收获损失0.1%～1.1%，增加千粒重2.57%～6%。1961年兵团对C-6、KT-3、云-3、GT-4.9等牵引式联合收割机进行技术改造，提高了工效，降低了损失。1979年兵团开始联合收割机的更新换代，从国外引进较为先进的自走式联合收割机，使夏收形势彻底地发生了变化，夏收延续时间缩短到15～20天，收割总损失率降到3%以下。1993年以后，主要机型为民主德国生产的E-512和E-514联合收割机。1992年，新疆联合收割机厂与中国农业机械化科学研究院经过近10年的试验、研究，生产出了新疆-2型小麦自走式联合收割机样机，一经推出就畅销长城内外、大江南北。目前，在新疆-2的基础上研发生产出了新疆-3、新疆-4、新疆-5，直到近两年的新疆-9/9L/9B，以及即将推向市场的新疆-10/11等更高端的机型。

【玉米】1954年后，兵团先后购进苏联、匈牙利及国产KY-2型、丰收-2型等玉米联合收割机。1962年，购进苏联产KKX-3型玉米联合收割机，在石河子总场二分场试用。由于这些机械故障多、损失大，未能大面积推广。1962年，兵团农机所改装国产KT-3联合收割机直接收获籽粒玉米成功，脱净率99.5%、破碎率15%、损失率小于1%。1976年，兵团农机所设计、农八师独立团试制的4YX-2W玉米收割机，是我国第1台悬挂卧式样机。1976年，原奎屯农学院、新疆机械研究所、奎屯农机厂共同研制出4YL-2牵引式玉米收割机。在自行研制、改装的同时，1979年从民主德国、南斯拉夫、罗马尼亚进口了与联合收割机配套的玉米收割台，直接收获籽粒玉米，虽然效果很好，但因烘干设备缺少、含水量高的籽粒玉米不便储存，未能大面积推广。1984年后，引进国产玉米摘穗机，同时解决了籽粒玉米低温储藏技术，增加了烘干设备，机收玉米面积逐年扩大。2022年，由新疆新研牧神科技有限公司研发制造的4YZS-8型制种玉米收获机首试成功，这是国内首款自行研制的自走式制种玉米收获机，也可收获鲜食玉米，一次作业可完成玉米摘穗、果穗清选、果穗装箱等功能。该机型最大的优势是破损率低、作业效率高，同时整机采取智能化升级，可精确检测作业进展，并实现智能预警。

【水稻】1965年以前水稻靠人力收割打捆，拉运到晒场脱粒。1966年购进珠江60-1A水稻联合收割机，进行机械收割。1972年农二师二十四团引进宝山69-108、珠江2号收割机，1975年又引进日本HE-505割捆机、HT-1200A联合收割机，效果都不理想。1978年农二师二十九团针对水稻收获机械化这个薄弱环节，充分利用秋季少雨、气候干燥这一有利条件，采取联合收割机安装防陷叶轮和稻田适当提前停水措施，在六连稻田进行了"机械联合收割、拖车直接入仓"一条龙作业试验，减少了人工割稻、打捆、堆放、装车、拉运、卸车、上垛、人工喂入、机械脱粒、扬场、装车、运粮等工序，1979年在全团推广。水稻收获1990年后就基本实现机械化收获，1997年后，因水稻产量超过联合收割机设计喂入量，引进了梳脱割台，基本可解决高产田的收获问题。《新疆生产建设兵团统计年鉴》数据显示，2020年机收水稻面积达1.821万公顷，联合收割机保有量51 669台。

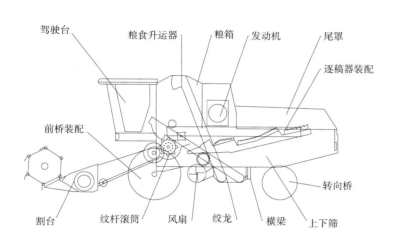

技术特点：

- 采用切流+纵轴流滚筒脱粒分离技术，脱粒能力强，物料分离彻底；
- 整机结构紧凑，实用美观，广泛适应于全区域、全时段、全作物的高效收获；
- 全新驾驶室，原装空调，四季如春，驾乘舒适；
- 一机多用，兼收小麦、水稻、谷子、高粱、玉米籽粒、大豆等不同作物，作业时间长、适应范围广、收益高。

外形尺寸（长×宽×高）	7 300 mm × 3 050 mm × 3 420 mm
发动机功率	140 kW
发动机转速	2 200 r/m
作业宽幅	2 840 mm
喂入量	9 kg/s
整机重量	6 010 kg
清选方式	风筛式
工作生产率	0.8 ~ 1.5 hm²/h

收获机械

番茄收获机

目前，中国已成为继美国之后世界第二大加工番茄生产基地。番茄的种植、田间管理已基本实现了机械化，但收获机械化水平较低，主要依靠人工采摘，劳动强度大、生产效率低。美国、意大利等国在20世纪初期开始研究番茄机械化采收相关技术，从早期人工辅助的半机械化番茄收获机过渡到牵引式番茄收获机，后发展到自走式大型番茄收获机。

针对加工番茄的果实成熟期集中、果实果皮厚、抗压抗击打能力强的物料特性，21世纪初石河子大学等单位联合设计了一种能一次性完成对其进行切割、分离、色选及装车多个作业环节的自走式番茄收获机，主要由切割捡拾装置、果秧分离装置、色选装置、液压系统和输送装置等工作部件组成。

该机工作时由切割捡拾装置将生长在田间的番茄秧切割下来，果秧输送链将番茄果秧输送到果秧分离装置，通过分离装置的周期性振动，实现番茄果与秧的分离，分离后的番茄秧被抛秧输送链抛落到田间，番茄通过果实输送链、横向输送链、果实升运链输送到色选装置进行分选，合格的番茄经卸料输送链输送到运输拖车上，不合格番茄落到集果器中或田间。

4FZ-30型番茄收获机于2010年10月在农八师石总场六分场八连进行了现场试验，收获机工作时，根据不同的作业速度，调整发动机的转速，并根据农业部行业标准对现场进行测试。试验结果表明，4FZ-30型番茄收获机的平均生产率、损失率、破损率、含杂率分别为0.26 hm²/h、4.36%、4.10%、3.09%，收获机的测试指标均达到了《番茄收获机作业质量》行业标准要求。经兵团科技局鉴定认为该研究成果填补了国内空白，成果总体上达到了国内领先水平。

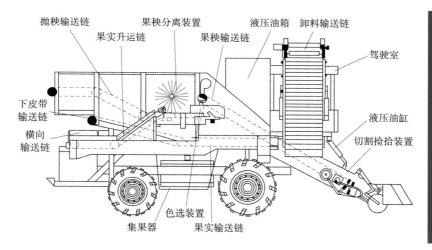

技术特点：
- 独立的动力系统保证收获机的动力需要；
- 切割捡拾装置，实现对番茄果秧进行捡拾和挑送；
- 滚筒式振动分离装置实现果秧的高效分离；
- 高速番茄自动分选装置，利用颜色分选原理，通过气动执行机构实现了未成熟果和异物剔除；
- 采用高可靠性的液压驱动系统进行动力传动。

外形尺寸（长×宽×高）	10 200 mm × 5 600 mm × 3 600 mm
发动机功率	132 kW
作业宽幅	1 200 mm
车身重量	10 600 kg
最小离地间隙	490 mm
最高时速	25 km/h
色选装置	40通道自动分选
生产率	31.2 t/h

收获机械

辣椒收获机

　　新疆因光照时间比较长、干燥少雨和昼夜温差大等得天独厚的辣椒生长条件，辣椒与内地相比，具有品质好、色价高、产量高等特点，辣椒种植已逐步成为兵团特色农业产业中的又一红色产业。自2005年以来，随着辣椒种植面积的迅速扩大，人工收获辣椒劳动强度大、效率低、成本高的问题逐步显现，严重制约了辣椒的产业化进程，辣椒机械化收获的需求迫在眉睫，兵团部分企业与科研院所开始陆续开展辣椒机械化收获的研发工作。2007年，农二师二十一团研制出前置牵引式辣椒收获机；2008年，农一师四团职工研制出手摇式的简易辣椒清选机；2009年，新疆机械研究所开发了自走式辣椒收获机，主要工作部件是弹齿滚筒式采摘台；2010年，石河子光大农机公司开发出自走式辣椒收获机，此辣椒收获机有采摘、运送、集料等功能，田间试验结果表明：作业后大量辣椒落地、收成严重下降，需要进一步改进；同年10月，石河子大学陈永成等研制的4LS-1.6牵引式辣椒收获机在石总场三分场六连进行采收，该机采用机械和风力复式分选装置为国内首创，提高了辣椒产品的清洁度。新疆生产建设兵团农机鉴定站农业机械检验测试中心进行检测，结果表明：该机的采净率、含杂率和生产率等主要指标都超过了设计指标，能够在田间稳定作业，作业效果良好，达到了国内领先水平。

以上机械化采收辣椒的成功经验，为兵团机械化采收辣椒推广与应用起到了示范作用。此后，石河子大学陈永成等在4LS-1.6型辣椒收获机的基础上，改进研制出4LZ-3.0型辣椒收获机，可一次性完成采摘果实、输送、清选分离、集箱以及卸料等联合作业。该机型借助弹指滚筒采摘辣椒、借助星形轮分离椒秆、借助气流清选椒叶，降低辣椒的含杂率，收获后的辣椒储存于集料箱，便于集中运输、装载。

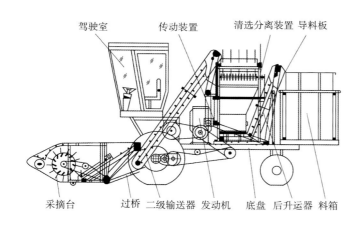

技术特点：
- 采用复合材料采摘装置，减少了辣椒破损率；
- 采用机械和风力复式分选装置，提高了辣椒产品的清洁度；
- 液压升降采摘装置、大容量的自卸料箱、可调的牵引装置等系统，提高了机组的机动性、通过性和运输安全性；
- 该机稍加调整还可进行棉桃采摘等作业，延长了机械的作业链，提高了利用率。

外形尺寸（长×宽×高）	7 830 mm × 3 400 mm × 3 320 mm
发动机功率	84 kW
作业宽幅	3 000 mm
作业速度	5.3 km/h
集料箱容积	4.5 m³
采摘装置类型	滚筒弹指式
破损率、损失率、含杂率	3.79%、2.9%、9.8%
生产率	19 559 kg/h

收获机械

酿酒葡萄收获机

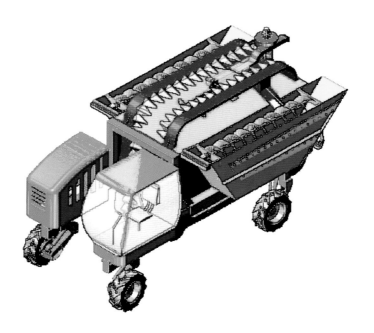

　　新疆是中国最早引种和栽培葡萄的地区，其独特的气候和地理位置环境非常适宜葡萄的生长。但目前酿酒葡萄的采收完全依靠人工，已经严重制约了酿酒葡萄产业的发展。21世纪初，葡萄收获机首次亮相中国。同期，石河子大学针对新疆酿酒葡萄多主蔓扇形树形的特点，研制了一台自走式酿酒葡萄收获机，可一次性实现对酿酒葡萄的分离、输送、除杂及集果等功能，减少了作业成本，降低了劳动强度。

　　4PZ-1型自走式酿酒葡萄收获机由石河子开发区石大锐拓机械装备有限公司生产，主要由自走式液压底盘、振摇分离机构、收集输送机构、风机及料箱等工作部件组成。工作时，葡萄收获机骑跨于葡萄行上方进行作业，一次作业1行。行走中通过振摇机构振摇葡萄藤迫使葡萄果粒脱落并掉落于收集输送机构，经清选系统除杂后，果粒最终被输送至集料箱或运输车厢。整个作业过程中，自走式液压底盘为整机的工作及行走提供动力并控制整机工作参数。

该样机于2015年在第八师一四四团葡萄机械化关键技术试验示范园进行了田间试验，参照《农业机械试验条件测定方法的一般规定》，对收获期赤霞珠品种酿酒葡萄的田间状况进行调查，根据原农业部行业标准《葡萄栽培和葡萄酒酿制设备葡萄收获机试验方法》对收获机现场作业性能进行测试，主要选取收获机的生产率、平均果实采净率、平均果实破损率3个性能指标进行测试，同时考察整机各部件工作性能。经田间试验验证表明，该机以2 km/h的速度进行作业时可获得较佳收获效果，该速度下平均生产率为0.6 hm²/h，平均果实采净率为93.8%，平均果实破损率为9.3%，已基本达到国外酿酒葡萄机采水平，田间作业性能可靠性与稳定性以及清选除杂设备有待改进优化。

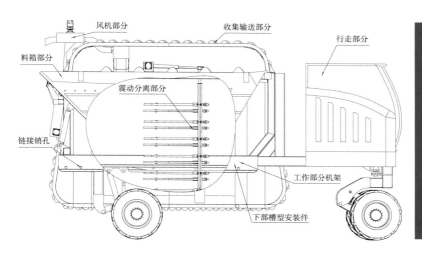

技术特点：
- □ 适合单篱臂架式、多主蔓扇形树形、葡萄串分布较分散的酿酒葡萄采收作业，符合农艺要求；
- □ 采用末端驱动振摇机构的分离方法，实现酿酒葡萄果蒂的高效分离，采净率高，对酿酒葡萄藤干损伤小；
- □ 整个工作模块拆卸方便，行走部分可安装其他类型的工作模块进行作业，实现一机多用，设备利用率高，维护保养方便。

外形尺寸（长×宽×高）	5 700 mm × 4 100 mm × 5 150 mm
发动机功率	70 kW
作业宽幅	1 200 mm
工作行数	1
最小离地间隙	400 mm
理论作业速度	1 ~ 3 km/h
振动分离机构结构	末端驱动式
生产率	0.6 hm²/h

收获机械
红枣收获机

　　兵团红枣主要以灰枣和骏枣为主，目前大部分枣园采用矮化密植的种植方式，树形主要有Y型、纺锤型和小冠疏层型等。红枣收获分为鲜枣收获与干枣收获，根据收获对象的不同具有两种不同的收获农艺，拥有两种不同类型的收获机械。鲜枣收获的农艺为机械采摘、收集、清选、装箱，该农艺下的收获机械可称为采收机械，采用振动原理实现红枣脱落，下方布有伞形装置或收集网收集采摘的红枣，清选后装箱运输，该机型适宜树龄较大的枣园，无法收获提前落地的红枣。干枣收获农艺为自然风干晾晒、打枣、集条、捡拾、除杂、装箱，该农艺让枣果在树上自然成熟增加糖分的同时晾晒风干，成熟晾干后的枣果在重力和风力的作用下大部分会脱落至地表，与地表落叶形成枣叶混合物，收获时人工用长竿将枣树上未脱落的枣果击落至地表，人工或机械集条后，用机械或气吸的方式捡拾地面的枣叶混合物，除杂后收集装箱。干枣收获也是目前的主流收获农艺。

红枣采收机收获目标为鲜枣，主要利用振动原理实现红枣脱落，一般通过给予枣树树干或枣树树枝固定频率的振动来强迫枣树振动，使红枣果实受到的惯性力大于果实果枝的结合力，从而实现红枣脱落。脱落后的鲜枣由下方伞形装置或收集网收集，该机型 1~2 人即可操作，作业效率高，可极大降低人工劳动强度。

红枣采收机按振动方式和位置的不同可分为抱摇式、骑跨式、激振式、拍振式四种。抱摇式用夹持装置夹持枣树树干，固定后用偏心装置以固定频率振动枣树树干致红枣脱落；骑跨式机具骑跨于枣树上方，通过工作杆拍打或滚筒旋转等方式振动枣枝击落红枣；激振式利用曲柄连杆装置撞击树干，树干受撞击后产生自激振动使红枣脱落；拍振式在树冠顶部插入拍打杆，利用曲柄滑块和曲柄连杆机构对树冠进行振动拍打致红枣脱落，四种方式均能使枣树产生受迫振动从而实现采收目的。2009 年新疆农垦科学院研制了 4YS-24 型红枣收获机，该机主要由果树振摇装置和液压控制系统等组成，作业时机械手夹持枣树树干，由偏心装置产生振动传递至枣树实现红枣脱落，脱落后枣果由下方伞形装置收集，但采收树龄较小的枣园时易损伤枣树。2012 年石河子大学研制了 4ZZ-4 型自走式红枣收获机，该机由采摘装置、输送系统、自走底盘等组成，作业时骑跨于枣树上方，拨杆插入树冠，立轴采摘滚筒旋转振动枣枝使红枣脱落，拨杆高度和密度可调，该机采净率高，不受株距限制，适宜树龄较小且经过修剪的枣园，无法采收树龄较大的老枣园。2012 年塔里木大学研制了一种牵引棒杆式红枣采收机，主要由传动系统、击打装置和高度调整装置等组成。该机工作时将动力由拖拉机输出轴传递至击打装置，由击打装置水平旋转敲击树干或树枝产生自激振动实现红枣收获，但该机无收集装置，后期需人工或机械捡拾装箱，部分被击落的红枣会受到车轮碾压。

红枣捡拾机的收获目标是干枣，主要通过机械或气力（气吸、气吹）的方式捡拾地面的枣叶混合物，可分为机械式红枣捡拾机和气力式红枣捡拾机两种。

机械式通过刷子或梳齿等直接接触手段强迫枣叶混合物位移完成捡拾作业，在捡拾完毕向后输送的同时进行清选，清选完毕后装箱。气力式是通过大功率风机产生压力差将地表的枣叶混合物吸起（或气吹至输送装置）清选后装箱。部分地区会在捡拾前对枣叶混合物进行处理，一般为人工用耙子聚拢成堆或借助消防风机等将枣叶分离后聚集成 1 m 宽的带状，处理后可极大提升捡拾机工作效率。机械式红枣捡拾机按捡拾方式不同可分为梳齿式、清扫式和偏心式三种，梳齿式捡拾机作业时将梳齿斜插入地面，随着机器前行，红枣被梳齿筛出堆积后进入输送装置；清扫式为柔性接触，采用V形滚刷将红枣集条后扫入收集输送装置；偏心式则是用偏心机构铲起红枣向后抛送至输送机构完成捡拾作业。2019年石河子大学设计了一款梳齿式落地红枣捡拾装置，主要由集条装置、捡拾装置、输送装置、清选装置、行走控制装置等组成。作业时梳齿入土且深度固定，捡拾机前进筛出红枣，红枣在梳齿部位堆积一定程度后可进入输送装置，经输送机构输送清选后装箱。但是该机无法处理土地中较大的石块及土块，杂草和枣枝过多时作业一段时间需清理梳齿。2018年塔里木大学设计了一种清扫捡拾装置，主要由清扫装置、仿形收集装置、输送装置和集枣箱等组成。作业时V形滚刷清扫集条，横向滚刷配合收集装置收集，输送去杂后装箱。该机滚刷直径大且高度可调，具有一定防缠绕功能，但该机功耗较高，不易转向。2016年石河子大学设计了一种偏心式红枣捡拾机，主要由捡拾机构、输送机构和行走机构组成。作业时拨杆在偏心轮作用下将红枣从地面铲起并抛送至链式输送机构，链式输送装置在输送的同时完成清选作业。该机在捡拾低洼地面红枣时会将较大石块及土块一并捡拾，且需定期清理缠绕在捡拾机构上的杂草和枣枝以避免堵塞。气力式红枣捡拾机按捡拾方式的不同可分为气吸式和气吹式两种，气吸式作业时由负压口吸入枣叶混合物，通过吸枣管后进入输送机构或清选机构完成捡拾作业；气吹式作业时由高压风嘴将干枣吹起并落至输送机构完成捡拾作业。2014年塔里木大学设计了一种气吸式自走红枣捡拾机，该机主要由动力装置、行走装置、风机、除杂装置和分离装置等组成。吸枣管吸入枣叶混合物后由栅条筛选除杂，该机配有杂物箱，可对枝叶等杂物进行临时存储，筛净率85.4%，筛选完毕的干枣落入筐中存储。2014年塔里木大学研制出YE3600型气吸式红枣收获机，该机主要由吸枣装置、集枣筐、清选装置和集尘袋等组成。作业时枣叶混合物由吸枣管进入，抵达分选管道后进行风选装箱，该机风选管道独特，通过管道截面积的大小控制风速的大小。2017年塔里木大学设计了一种气吸和清扫相结合的新型落地红枣收获机，主要由清扫装置、铲枣装置、动力系统和风机等组成。作业前用消防风机将红枣聚拢成宽1 m的带状，作业时清扫装置V形滚刷将红枣聚拢成垄状，垄状质量效果与滚刷转速相关，转速快则质量效果好，机器前行时，铲枣装置仿形铲将红枣铲起后通过气吸捡拾，仿形铲可避免捡拾红枣中较小的土块和石子等杂质，清扫装置高低可调，可解决地表红枣散乱和风机负压口作业距离小的难题。2018年石河子大学研制了一款气吹式落地红枣捡拾机，主要由气吹装置、输送装置和集枣箱等组成，由电动机提供动力。作业时风机产生气流经气流嘴吹出，将地表红枣向后吹至输送装置装箱后完成捡拾作业，该机气流区风压稳定，解决了气吸式易堵塞的问题。

近年，兵团红枣的产量持续增长，种植面积在增长后缓慢回落，人工成本不断上升，种植收益呈持续下降趋势，部分地区出现枣农弃种现象，在红枣产业化和规模化发展的同时，人工采收已逐渐无法满足红枣采收的要求。近十年，为了降低收获成本，提升收获效率，降低劳动强度，很多科研人员对红枣收获机械进行了探索，研制了多种不同采收方式的样机，但目前还没有特别适合新疆红枣种植模式的红枣收获机，红枣机械化收获技术仍未成熟。

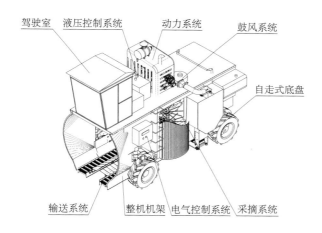

驾驶室　液压控制系统　动力系统　鼓风系统　自走式底盘　输送系统　整机机架　电气控制系统　采摘系统

技术特点：

□ 采用超高架自走式底盘，全液压四轮驱动，能够自动调节机体高度以适应不同枣树高度的采收作业；

□ 激振装置采用曲柄滑块原理，通过液压驱动振动红枣树冠使红枣掉落，激振圆盘能够自转，避免损伤枣树枝条；

□ 振动掉落的红枣由集果装置输送，经清选分离后输送至集果箱，实现红枣收获的收集和除杂。

外形尺寸（长×宽×高）	5 300 mm × 2 600 mm × 3 300 mm
发动机功率	74 kW
工作行数	1
工作幅宽	1 600 mm
作业高度	2 400 mm
地隙调节范围	100 ~ 400 mm
作业行距	3 m
生产率	≥0.3 hm²/h

收获机械

油料作物收获机

　　油料作物，是指以采收种植榨油为主要用途的一年生或越年生栽培草本植物，是人类植物蛋白和油脂的主要来源，在日常生活中占有重要地位。兵团油料作物栽培历史悠久、种类繁多、分布广泛，主要包括油菜、胡麻、油葵、红花、油莎豆等。

　　【油葵】20世纪50年代油料作物全靠人工收割，60年代初期开始用联合收割机收割油料作物。1977年后，油葵面积扩大，农六师一〇二团于1979年对联合收割机进行改装收割油葵，1980年全团1.97万亩油葵全部实现机收。

　　【红花】"十三五"期间，石河子大学葛云等参考相关轮式机械设计经验，提出适合现阶段红花机械化采收的单人背负式对辊红花采收机，汽油机带动离心式风机产生负压完成花丝收集。此后设计并试制红花采摘机器人试验样机，由红花植株集条机构、末端执行器、传动装置、行走底盘、控制箱等组成。通过集条预定位机构实现红花果球预定位，视觉识别系统识别定位，末端执行器采摘收集花丝。

【油莎豆】近年来，兵团多个师团引入油莎豆种植，对治沙、治荒、土壤改良、保护生态环境、发展养殖业等具有重大意义。农三师五十四团是全国单体面积最大的油莎豆种植示范基地，为提升五十四团兴安镇油莎豆机械化收获水平，自2020年起，石河子大学戚江涛等联合桂林迈克机械有限公司开展自走式与牵引式油莎豆收获机研制。针对油莎豆分蘖能力强、根系发达，根土团聚体结合特性强，以及沙漠中与油莎豆特性相似的碎石较多等特点，已完成四代机的研发。4USZ-1600油莎豆收获机采用自走式履带底盘、自仿形式挖掘与高效除沙分离等技术方案，可一次性完成油莎豆的挖掘、除沙、脱粒、清选等作业工序，有效解决了沙地陷车、脱粒质量差、动力消耗大等问题，得到了广大种植户的认可。

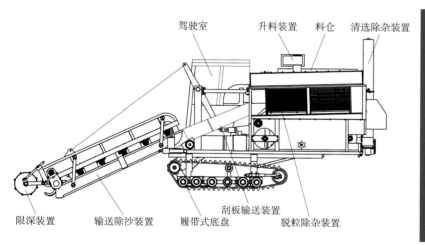

驾驶室　升料装置　料仓　清选除杂装置

限深装置　输送除沙装置　履带式底盘　刮板输送装置　脱粒除杂装置

技术特点：

□ 履带式底盘可有效适应新疆特有沙土地（极度干燥、流动性强）种植条件的油莎豆机械化收获作业，避免陷车；

□ 脱前除沙技术实现脱粒前沙土有效分离，极大降低脱粒分离装置工作负载，提升了脱粒与除杂效果；

□ 采用多级搅龙与振动筛配合的方式进行除沙作业，延长了物料的筛分行程，提高了除沙效率。

外形尺寸（长×宽×高）	6 500 mm × 2 300 mm × 2 930 mm
发动机功率	80 kW
作业宽幅	1 600 mm
挖掘深度	可调节（试验时130～150 mm）
筛网间隙	4 mm
破损率、损失率、含杂率	9.61%、2.5%、2.2%
理论作业速度	0.9～1.1 km/h
生产率	0.16 hm²/h

收获机械

根茎类作物收获机

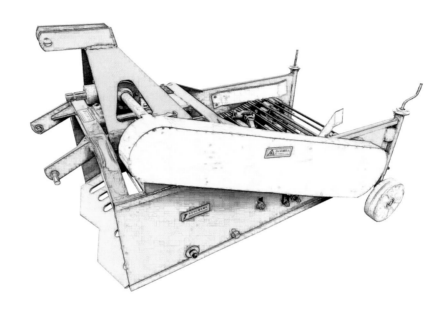

　　根茎类作物通常是指食用部分为根或茎的作物，如甜菜、马铃薯（土豆）等蔬菜，以及肉苁蓉、甘草等中药材。根茎类作物生产不仅是兵团的优势产业，也是兵团重要的经济作物。根茎类作物不同于其他地上作物，其果实在成熟后埋于地下，人工收获劳动强度大、效率低，机械化收获是必然趋势。

　　【甜菜】20世纪50年代末期，兵团曾从苏联进口双行甜菜联合收割机、甜菜挖掘机、甜菜装车机，除挖掘机外均不适用。1963年农八师二十三团改装成功5种机械，初步实现了块根、块茎挖掘机械化，但切缨、集堆仍为手工作业。1975—1982年农八师石河子总场、兵团农机所、芳草湖农场先后研制出4TQ-2甜菜茎叶收割机，TW-2、4TW-2/3挖掘集条机。1979年从南斯拉夫引进甜菜挖掘机、切缨机、集条机，1982年兵团农机所、芳草湖农场在铁牛-55拖拉机前方悬挂4TQ-2切缨机、后方悬挂4TW-2挖掘集条机，形成联合作业机组。2002年，新疆农垦科学院贾首星等成功研制4TWZ-4型甜菜收获机，该机是用于甜菜分段收获的配套机具之一，主要用于挖掘收获经切缨机切削清理过叶缨的甜菜。该机既可用于甜菜两段式收获工艺，一次完成甜菜挖掘、拣拾、清理输送和装车的联合作业，也可用于甜菜三段式收获工艺，将挖掘出的甜菜块根初步清理后集成堆堆放，以便于人工进行辅助清理。2006年，兵团甜菜种植大师农九师，引进德国荷马机械制造有限公司生产的自走式全功能甜菜收获机进行试验，可一次性完成去菜叶、削菜头、拔菜根、清洁、收集和装车作业工序，且前3道工序均在车轮前完成，大大降低了车轮碾压甜菜的损失。通过田间试用，收获工序功能稳定，作业顺利，每小时可收获甜菜20多亩，但该机价格过高，处于试验、探索阶段。2007年，一台由美国尔司惠公司制造的4600系列甜菜收获机漂洋过海，抵达农二师二十二团，填补了农二师甜菜收获无机械的历史。2012年，荷马全自动甜菜收获机在农四师七十团九连的甜菜地里来回作业，该机由电脑监控整台机器，自动报警系统遍布全身各大主要工作部位；作业前，机手可根据甜菜长势、亩产量、行距、株距、地块长度等预设作业程序，完成"除叶、挖掘、去青头、清理、装车"一条龙作业。

【马铃薯】兵团从20世纪60年代开始引进国外马铃薯挖掘技术，目前市面上出现各种款式和形式的马铃薯挖掘机，但普遍采用的是固定挖掘铲，挖掘时易壅土、切削阻力大，并加速马铃薯挖掘铲磨损。2015年，石河子大学李亚萍等针对新疆马铃薯机械化收获固定铲挖掘过程中存在的挖掘阻力大、动力消耗高的问题，在分析马铃薯种植土壤基本力学性质与结构的基础上，围绕挖掘作业关键环节，研究新疆马铃薯双作用多维振动挖掘部件与土壤间的作用机理，研制采用振动、激励的双作用振动减阻挖掘装置。项目的研究不仅为马铃薯收获机构研究奠定了一定的理论基础，还为其他根茎类作物收获机械的设计提供科学依据。在此基础上，与石河子开发区锐益达机械装备有限公司进行合作，研制完成了双行马铃薯收获机、升运式马铃薯收获机等类型。针对现有马铃薯联合收获机存在分离清选质量不高、薯土壅堵等问题，在分析马铃薯种植模式与收获农艺要求的基础上，通过研究液压传动技术和嵌入式系统控制技术等关键技术，开发了基于马铃薯联合收获机的分离与输送装置自动控制系统，主要用于马铃薯收获，可以一次性完成挖掘、分离、快进铺放等作业。自2018年推广以来，已经在阿勒泰、奇台、哈密等地推广了马铃薯收获机25台套，获得了用户的一致好评。

【肉苁蓉】近年来，兵团在生态建设中注重开发利用沙漠资源，积极培育以肉苁蓉为主的特色沙产业，实现了生态建设、沙漠治理、经济效益共赢。2019年，石河子大学蒙贺伟等通过对肉苁蓉种植模式和收获要求的调研，测定沙土及肉苁蓉物料特性，确定肉苁蓉收获机整体方案，对收获机关键零部件进行设计分析，集成各关键技术并试制振动挖掘肉苁蓉收获机、基于振动分离的链刀式肉苁蓉收获机、双输送式肉苁蓉收获机共三代肉苁蓉收获机。通过田间试验并不断改进，解决了沙土的输送、肉苁蓉出土等核心问题，基本实现了肉苁蓉的机械化采收，但肉苁蓉收获机运行时依旧存在前进阻力大、沙土堆积等问题，需进一步优化改进解决。

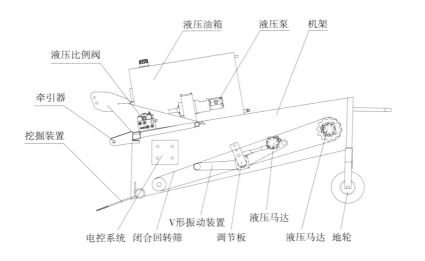

技术特点：

□ 该机主要由挖掘装置、分离输送装置、液压传动系统、控制系统等组成，可以实现一次性完成挖掘、分离、块茎铺放等作业，具有结构简单，性能稳定，工作可靠的优点；

□ 采用PLC与液压比例阀的控制系统，实现了装备的振摇频率、振幅和输送装置的速度控制，实现工作参数可调，提高了装备对不同土壤作业条件的适应性。

外形尺寸（长×宽×高）	2 350 mm × 1 300 mm × 1 250 mm
配套动力	≥50 kW
作业幅宽	1 000 mm
挖掘深度	180 mm
作业高度	2 400 mm
挖掘铲铲面倾角	20°
适应行距	300 ~ 400 mm
工作速度	2.4 km/h

回收机械

秸秆收集机械

　　兵团茎秆收集机械化起步较晚，20世纪70年代以前机收小麦茎秆在田间成堆摆放，用拖拉机钢丝绳拖网拉至地边，再用大车运走，来不及拉运的放火烧掉。玉米、高粱、棉花秆用人工砍倒背出条田。1961年车二场试用拔棉柴机，每次可铲棉秆2行、提高工效10倍，因需专用万能底盘作动力，且只能适应1米行距、无法推广。1962年9月，兵团农机所与中国农业机械化科学研究院共同研制6行悬挂式简易拔棉柴机，在农一师、农七师、农八师试用，班次生产率达到160亩，漏铲率1.44%～2.4%，可替代20～25个人工。哈密红星二场从1970年起开始秸秆还田，10年内土壤有机质从1.66%增加到1.87%，粮食单产由177.5千克提高到320千克。各师（局）学习这一经验，于70年代末期取掉联合收割机草车，将麦秸直接撒在地上，一二九团、一四三团在收割机上加装茎秆切碎抛撒器，以利拖拉机翻压。1979—1981年兵团农机所研制出4TCS-1680茎秆切碎收割机，由五五农机厂生产，用于玉米、高粱、棉花、葵花、矮秆饲料的切碎还田，每台可替代100个人工。1982年7月，兵团在一二九团召开了秸秆还田机械改装现场会，全面推广这一技术。《绿水青山节能增效（兵团"十三五"以来节能工作回眸）》文中指出，2019年兵团农作物秸秆综合利用率接近100%，处于全国前列。

对于果园残枝，石河子大学李景彬等发明了一种集捡拾、喂入、粉碎、还田作业的枝条粉碎机，能够解决果园农户残枝处理成本高、效率低及焚烧污染环境的问题，具有良好的推广前景和市场效益。对于棉花等经济作物，较为典型的处理棉秆的机具有棉秆粉碎机，但会造成棉秆资源的浪费；为了增加棉秆资源利用率，降低运输成本，方便棉秆长期储存，克拉玛依五五机械制造有限责任公司提出一种自动化整株棉秆收割打捆装置，目前正联合石河子大学、新疆农垦科学院等单位进行技术熟化与示范推广。

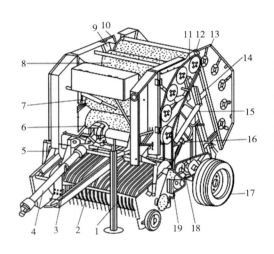

1.前支撑　2.捡拾器
3.牵引架　4.传动轴
5.减震器　6.齿轮箱
7.捆绳机构　8.辊筒
9.吊环　10.后传动链条
11.主传动链条　12.链轮
13.后门　14.油缸支座
15.液压系统　16.机架
17.行走轮
18.下传动链条
19.捡拾器传动链条

技术特点：
☐ 适用范围广泛，可用于各种秸秆的粉碎打捆，打捆不漏草，节省人工打捆时间，打捆体积小，密度高，方便运输；
☐ 性能稳定，打捆能力强，性能优越，可靠性好；
☐ 省时省力，工作效率高，可大大缩小储存面积；
☐ 设计合理，结构强度高，使用寿命长，降低维修成本。

外形尺寸（长×宽×高）	2 400 mm × 1 650 mm × 1 450 mm
配套动力	25.7～40.4 kW
包形尺寸	Ø700 mm × 1 000 mm
车身重量	1 100 kg
卷压滚筒转速	320 r/min
总损失率	≤4%
捡拾器结构型式	甩刀式
生产率	40捆/h

回收机械

残膜回收机械

　　兵团地膜覆盖栽培技术经过十多年的推广，已从棉花一种作物扩展到甜菜、玉米、小麦、西甜瓜、蔬菜等多种作物，创造了数亿元的经济效益。随着面积的不断扩大，治理措施不配套，土壤残留地膜日积月累，造成了严重的"白色污染"。

　　为了净化土壤，确保兵团农业可持续发展，在20世纪80年代主要依靠人工回收残膜。其方法有三种：一是浇头水前用人工揭膜回收；二是浇头水前先揭去边膜，秋后再全部回收；三是整地时动员职工跟随拖拉机捡拾残膜碎片。人工回收作业耗工量大，回收不彻底。

　　从1991年开始，兵团加大了土壤污染治理工作力度。时任副司令员胡兆璋提出了治理"四结合"原则：残膜回收工作要人力与机力相结合；播前、头水前收膜与秋后收膜相结合；行政措施与经济手段相结合；回收与再生利用相结合。提高收净率，降低污染和收膜成本。是年兵团出台了《土地残膜污染治理办法》，规定了谁污染谁治理的原则，同时组织技术攻关，研制残膜回收机械。先后研制出了ISM-5密排弹齿式搂耙、SMG-2收膜集条机、4CM-150齿链式悬挂收膜机及宽膜回收机等。

残膜的机械化回收过程主要包括边膜松土、起膜、挑膜、杂膜分离、脱膜和集膜。从功能角度讲，有单项残膜回收机和联合作业机；从回收时间角度讲，又可分为苗期残膜回收机械、秋后残膜回收机械、耕后播前残膜回收机械和耕层内清捡机械等。根据回收地膜工作原理的不同，残膜回收机具又可以分为弹齿式、耙齿式、轮齿式、齿链式、伸缩杆齿式和铲式起脱滚筒筛式残膜回收机等。

回收的残膜去除泥土后，先加工成塑料颗粒，然后再加工成灌溉用输水管、渠道防渗膜、塑料盘条、日用盆桶及人造板等。

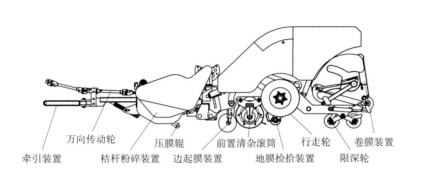

牵引装置　万向传动轮　压膜辊　前置清杂滚筒　行走轮　卷膜装置
秸秆粉碎装置　边起膜装置　地膜捡拾装置　限深轮

技术特点：

□ 可一次完成棉花秸秆粉碎还田、膜秆分离、地膜集箱作业，操作简单、维护方便；

□ 残膜拾净率高，作业后的地面干净，回收的残膜含杂率低；

□ 左右对称传动，布局合理，震动小，运行更平稳；

□ 柔性弹齿收膜滚筒，适应软硬程度不同的地块；

□ 集膜箱大，减少卸膜次数。

外形尺寸（长×宽×高）	4 740 mm × 3 300 mm × 2 110 mm
配套动力	66 ~ 120 kW
工作幅宽	2 100 mm
捡拾机构形式	单级链捡拾+振动清选+卷膜收集
残膜拾尽度	≥90%
残膜纯净度	≥80%
作业速度	4.5 ~ 6.5 km/h
生产率	1 hm²/h

Ⅳ 兵团农机科学家

从亘古荒原上的军垦第一犁开始，一代又一代的兵团人白手起家、艰苦创业、节衣缩食，克服千难万苦，开荒造田，耕耘在边疆的风头水尾，开辟了片片绿洲和万顷良田。在茫茫戈壁荒漠上，建成了一个个田陌连片、渠系纵横、林带成网、道路畅通的绿洲生态经济网，开创了新疆现代农业的先河。昔日的戈壁荒滩，早已被棉山、麦海覆盖；历史的凄凉悲怆，早已被辉煌壮美取代。

1954年组建的新疆生产建设兵团，承担着国家赋予的屯垦戍边的职责。经过一代代兵团人的艰苦奋斗，兵团现代农业稳步推进，在亘古荒原上初步建成全国节水灌溉示范基地、农业机械化示范推广基地、现代农业示范基地，农业基础地位不断巩固，引领现代农业发展浪潮。

兵团农业生产具有"大农业、大农机"的特征，机械化水平高，尤其是在棉花、林果等特色经济作物生产全程机械化方面，在全国处于引领地位。从一镐一锹到现代农业，兵团农业机械化发展历程中，涌现出了大量怀着对祖国赤胆忠心和对边疆人民无限热爱的农业机械科学家。他们几十年如一日扎根兵团、奋力拼搏，围绕农业机械化发展需要，把论文写在大地上，践行兵团精神和胡杨精神、老兵精神，谱写传承红色基因、赓续红色血脉的时代华章。

一批批新旧农机更新换代的背后，无不蕴含着老农机专家们热爱祖国、无私奉献、艰苦奋斗、开拓进取的优良美德与优秀品质。他们的研究历史需要被记录、值得被了解；他们的事迹展示了严谨的科学精神和科研作风，是集学术价值、教育价值和宣传价值等为一体的个性化资料，为兵团农业机械化技术发展历程的研究及兵团精神的教育宣传积累了丰富素材。

为大力弘扬兵团农机科学家精神，加强学风和作风建设，2021年石河子大学机械电气工程学院暑期"三下乡"社会实践团队，以兵团精神和科学家精神为引领，寻访兵团农机与农机专家背后的故事，旨在学习农机科学家们"择一事，终一生，不求名，不逐利"的精神追求，立志做"特别能吃苦、特别能战斗、特别能奉献"的新时代戍边人。

陈学庚

中国工程院院士

陈学庚，男，1947年4月生，农业机械设计制造专家，中国工程院院士，国务院特殊津贴专家，博士生导师。现任中国农业机械学会名誉理事长，农业农村部西北农业装备重点实验室主任。

现在，只要没有重要的学术研讨会，陈学庚每天都会早早来到石河子大学机械电气工程学院三楼自己的办公室。在他的办公桌上，国内外最新农业机械化发展的相关材料或者研究报告总是摊开着。

作为中国工程院院士、石河子大学机械电气工程学院研究员，陈学庚连续从事农业机械研究和推广工作已接近60年。他突破了地膜植棉机械化技术关键，攻克了膜下滴灌精量播种技术难题，研发出棉花生产全程机械化装备，为新疆棉花生产机械化技术研究和大面积推广应用作出了重大贡献。

荣誉加身、鲜花盈怀，回望过往取得的成就，陈学庚只说了一句话："我是兵团培养的科研工作者，我理应把全部才华献给兵团。"

"只要我还能动，还能思考，我就将着力研究农田残膜污染治理相关问题，在做好科研工作的同时搞好教学工作，为兵团培养更多人才。"从团场的机械厂到新疆农垦科学院再到石河子大学；从一名普通的农机技术员到成为国内棉花生产全程机械化技术研究和应用领域的著名专家，陈学庚始终在推进兵团农业机械化发展的道路上不忘初心，砥砺前行。

扎根基层　夯实科研基础

1960年，年少的陈学庚随父母从江苏泰兴来到新疆。聪慧的他自小对铁制物件感兴趣，于是初中毕业后，他毫不犹豫地把所有的报考志愿都填上了农业机械专业，最后被兵团奎屯农机学校录取。毕业后，陈学庚被分配到当时的农七师一三〇团机械厂工作。从此，他与农业机械结下了一生的缘分。

　　刚进一三〇团机械厂没几天，厂领导就安排陈学庚当派工员。在别人眼里，这是一份比较轻松的工作，想得到这份工作的人不少，但陈学庚却不"领情"，他跟领导说想去车间锻炼。身边的人不解："放着这么舒服的工作不干去找累？"可陈学庚心里明白，自己在学校只是学到了理论知识，几乎没什么实践经验，眼前最重要的是掌握实践技能。

　　于是，他一头扎进了车间，一待就是两年。在那个工业机械落后的年代，谦虚好学的陈学庚开始崭露头角，领导让他担任技术革新组组长。由于当时一般的机械加工设备都要靠计划指标才能供给，厂里因设备短缺影响了全团农机修理，陈学庚看在眼里，急在心上，他暗下决心："一定要想办法解决难题，把平时学的理论应用到实践中来。"几年下来，他所在的技术革新组试制成功了镗缸机、磨缸机、水力测功机、制砖机、大型顶车机、土龙门刨床等设备。

　　陈学庚经常请教别人，遇见自己不懂的，或看到别人的技术长处，不管对方是大学生还是普通工人，他都视其为老师。正是因为有这样的学习态度，他的技术水平日益提升。

　　"70年代的经历确实为我后来的科研工作奠定了基础。"陈学庚回忆过去，感慨地说："从刚出校门的略知皮毛，到带领团队参加省部级项目的农业装备研究开发并发挥重大作用，专业知识的掌握确实是人生最重要的环节。这个环节不过硬，后续奋斗就会显得有心无力。"

　　直到现在，陈学庚最喜欢做的事还是自己的"老一套"，无论到哪里，都喜欢跑到当地的农业机械生产厂转转，看看别人的产品质量、制造装备的发展状态，或者去田间地头和农户聊天，了解新技术、新机具在使用中存在的优势和不足。

　　"只有在生产一线才能真正发现问题，应用研究的机会其实就在解决问题里。问题解决了，你对社会、对国家就作出了贡献。"陈学庚经常这样说。

攻坚克难　精心研发农机

　　20世纪80年代以前，新疆棉花种植水平一直较低，每年春季定苗和秋季采收时节，兵团就全民投入棉花生产。即便如此，1982年，新疆棉花的总产量仅占全国的4%，兵团皮棉平均亩产也仅有38.6千克，新疆皮棉平均单产34.1千克，低于全国平均水平。直到王震将军来兵团视察，提出从国外引进地膜棉花栽培技术的建议后，兵团各植棉团场才开始试种地膜棉花。由于增产效果明显，这项被誉为"白色革命"的先进技术开始迅速普及，然而人工铺膜的低效率成为提高棉花产能的"绊脚石"。

当时还在一三〇团机械厂工作的陈学庚认领了研发机械化铺膜装备的艰巨任务，他带领工友反复试验，经历一次又一次的失败，终于成功研制出了"2BMS系列"铺膜播种机，这种机械实现了铺膜、播种的联合作业，大大加快了地膜覆盖栽培效率。

由于机具获得突破，从1985年到1994年，新疆地膜植棉机械化推广面积达6 890万亩，兵团皮棉亩产也由1982年的38.6千克提升到1994年的82千克，同时，铺膜技术与装备推广到全国16省区，1995年，该项成果获得国家科学技术进步奖一等奖。

不夸张地说，陈学庚为兵团棉花的第一次跨越发展立下了汗马功劳。

20世纪90年代末，兵团提出发展育种、播种、灌溉等在内的"六大精准农业"，团场职工急需涵盖全生产流程的农业机械新装备，任务又一次落在了陈学庚的肩上。按照要求，一个窝只播一粒棉种，当时世界上还没有这方面的技术。

陈学庚一头扎进棉田，他说："搞农机研究要经常在一线，要动手能力强，不了解使用条件，你就研究不出好机具。"

2003年，陈学庚研发的膜下滴灌铺管铺膜精量播种机终于研制成功，并一举获得7项国家专利，这种新型农机一次作业就能完成播种管护8道程序，填补了世界同类机具的空白。

"没有植棉机械化，就没有今天兵团的棉花产业，这其中有我们团队贡献的一份力量，对此我感到很高兴。"陈学庚露出微笑。

创新技术　成功回收残膜

作为兵团农业机械化发展的见证者和引领者，新技术的推广应用造福了无数职工群众，这让陈学庚感到欣慰。近年来，残膜回收问题成了他关注的重点。

"虽然地膜覆盖栽培技术种植棉花为兵团乃至全疆带来巨大的经济效益，但是农田残膜治理工作的不彻底，也为农业可持续发展埋下隐患。"陈学庚说，"我余生就是要和国内众多科技工作者一起奋斗，攻克农田残膜治理瓶颈，一定不把这个难题留给子孙后代。"

　　为使"给子孙后代留下一片净土"不变成一句空话，在2013年当选为中国工程院院士后，陈学庚就将自己的研究领域从棉花种植全程机械化转向了农田残膜治理机具。

　　2021年10月，中国工程院农业学部在兵团召开了一个关于棉花采摘及残膜回收机械化技术方面的研讨会，由陈学庚领衔，石河子大学与内地几所高校联合研制的两种型号自走式棉田秸秆粉碎与残膜回收联合作业机首次亮相，残膜回收率达90%以上，在场的国内专家和学者观看了现场演示后，纷纷给予了高度评价。

　　打通关卡、实现关键技术创新，是陈学庚锐意创新而迎来的又一个"高光时刻"。从2017年开始，陈学庚提出农机、农艺、农膜结合发展的理念。从升级农艺栽培技术到提升地膜质量，再到研发回收残膜的新型机具，陈学庚带领团队全套同步推进。他把回收的残膜进行二次加工又生产出其他产品，形成了一条地膜绿色应用的完整产业链。

　　几十年来，陈学庚致力于农机研究和推广，共获得省、部级科技进步奖23项，其中，国家科学技术进步奖一等奖1项、二等奖2项；国家星火二等奖1项；获国家专利120余项，国家重点新产品9项，获得中华农业英才奖等国家和省部级荣誉称号16项。

　　中国工程院院士、知名农业机械专家罗锡文曾这样评价陈学庚："对我国棉花全程机械化作出了突出贡献，对新疆扩大棉花面积、稳定棉花产量发挥了关键作用。"

言传身教　培养后备力量

　　2017年底，陈学庚有了一个新身份：石河子大学机械电气工程学院研究员。选择石河子大学，让他的工作方式发生了根本变化。做好高层次人才培养，特别是指导青年教师搞科研，成了他工作的重点。他给自己定了一个目标，力争用4～5年时间，为兵团农业机械化发展培养出一批学科储备人才。

　　"过去，我都是带着少数人冲在农业一线，遇到过很多问题，也积累了不少经验。现在，我要将自己所学的知识传授出去，我希望我现在干的事将来有人能接着干。"陈学庚说，"作为石河子大学的一员，这也是我的责任。"

　　其实早在1992年，他被调到新疆农垦科学院时，就开始注重培养后备力量，打造"兵团农业机械研发"团队。在陈学庚的言传身教下，这个团队团结向上，辛勤耕耘在兵团农业一线。如今，20多年过去了，经他之手培养出的高级科技人才已有40多名，他一手带领的"棉花生产全程机械化技术创新团队"荣获2017年度"中华农业科技奖创新团队奖"。

"优秀的科研团队是兵团农业现代化的希望。"陈学庚肩上的担子更重了。兵团为人才脱颖而出提供了良好的平台和环境，他干事的动力更足了。陈学庚说："独木不成林，依靠少数人单打独斗的时代已经过去了。只有组建一支强大的团队，大家拧成一股绳往前冲，才能取得成功。"

英雄不问出处，勇者不问前路。陈学庚把对国家的热爱和对事业的执着化为实实在在的行动。在他看来，是兵团精神始终感召着他，几十年来自己其实就干了一件事，那就是用科技的不断升级推动边疆的物阜民丰，一辈子都在践行这个目标。

新疆生产建设兵团
科学技术奖励证书

为表彰兵团科学技术奖获得者，特颁发此证书。

类　别：新疆生产建设兵团科技进步特等奖
年　度：2020 年
获奖者：陈学庚

2021 年 2 月

证书编号：T2020-002

田庆璋

石河子大学退休教师

1952年中国高等学校院系进行调整，是年田庆璋老师进入东北农学院（今东北农业大学）学习，当时的农业教育处于萌发阶段，东北农学院只有修理班和农业应用班。一直到石河子农学院成立了农机系，田老师调到石河子农学院任教。

田老师谈到自己的人生经历时，主要致力于拖拉机节能改造和修理，当时拖拉机动力低，设备不好，为了满足当时的生产生活，就需要经常对拖拉机进行改造。现在对于拖拉机而言已经从当时维修演变到直接换件修理，如今大机械的更新换代，离不开农机专家的不断钻研。

田老师非常重视学习中的实践作用，20世纪60年代，当时并没有相应的实验室，冬修实习是到周边修理厂实习，所以田老师提议建立实验室，并得到院系大力支持，随后石河子大学机械电气工程学院小工厂（原石河子大学农学院农业机械修理实验室，现已被收录至八师石河子市历史建筑保护名录）建成，为农机专业学生提供了很好的实验条件。

田老师说，只讲课达不到效果，需要经过从实践到理论再到实践的一系列学习，没有实践很难做成事。

我们应深刻认识到老专家的不易与艰辛，在艰苦的环境中依旧砥砺前行、全心全意服务于兵团农机，为兵团农机作贡献。

作为后辈的我们在现在优越的实验与学习环境下，更应该发挥农机人吃苦耐劳、勇于创新的精神，为兵团农机发展奉献自己的一份力量。

吴允光

石河子大学退休教师

吴允光老师强调，"兵团人从零开始走出一条十分艰苦的农业机械化发展道路"。

1949年，新疆和平解放，从那时起兵团领导就非常重视农业的机械化。1952年，在王震将军的领导下成立了八一农学院，后交由地方政府管理，农机系也正是从这时开始起步。后来，由于兵团缺少人才培养基地，这支拥有"南泥湾精神"的部队决定建立一所新的大学，也就是我们所熟知的兵团农学院。在谈到关于汽车拖拉机电气设备方面的发展历程，吴老师指出当时农机系在电工教学方面可谓是一穷二白，师资力量非常匮乏，吴老师便以电工教研组第一人的角色投入到电工教学中。截至1966年，电工教研组已有七八位专职教师，师资力量在当时可谓雄厚。

1982年，随着改革开放的浪潮迅速席卷全国，吴老师以及电工教研组的另外几位老师认为应当开展计算机的相关教学，以助力农业机械化教学的发展。在他们收集到一些软件方面资料的同时，最重要的硬件设施缺失问题出现在他们面前。当时整个农机系的教学经费都非常紧张，在经过讨论分析之后，大家一致决定拿出相当一部分经费购置两台8寸的计算机用于计算机课程教学，他们与时俱进的想法为我们学校的计算机教学奠定了基础。

当谈到对当前农业机械发展的认识时，令吴老师感受最深的是采棉机的快速发展。据他讲述，1957年他曾参与到新疆引进第一台采棉机的过程。前两年当他看到最先进采棉机工作的场景时，不由得对农业机械的现代化发展感到非常欣慰。吴老师在对当代青年大学生的寄语中说："希望你们这一代人脚踏实地地去做事，帮助农业机械化发展得更好！"

严晋芳

石河子大学退休教师

严晋芳老师说，在高中毕业后，她听同学说，学习农机专业在收获季节可以在全国范围内服务，抱着走遍祖国南北的想法，她毫不犹豫地报了农机设计与制造专业。她在农村调研时，看到农民异常辛苦，更坚定了学好农机，服务社会的信念。

1965年毕业之后，严老师坚持要到祖国最艰苦的地方——新疆，在兵团农学院一直从事机械制图教学工作。严老师说，教学过程困难重重，教学所用到的教具、挂图等模型几乎全为自己动手制作。学机械制图必须要有好的立体概念，模具在教学过程中的重要性就不言而喻了。为了能制作更多的模具，严老师跟着木匠去学习木工。每节制图课的时间本来就短，为了节约时间，更好更充分利用教学时间，严老师通常都是提前一节课将4块黑板画好图纸底板，在讲课的时候再将图纸加深，对此严老师从未喊苦说累。

在谈到对从事农业机械的工作者寄语和期望时，严老师说，在学生培养方面，不仅仅是给学生教知识，还要培养学生自学能力，不管今后在哪个岗位，都能迅速适应。除此之外更是要着重对学生的人格进行培养，让学生热爱祖国，热爱人民。

是啊，是他们这样的人抱着建设新疆、报效祖国的初心使命，培养了一批又一批人才。时代赋予了青年责任，青年就应该激发自己的热情，回馈社会，贡献自己的一份力量。

贾首星

新疆农垦科学院研究员

1978年，贾首星老师进入大学课堂，学习阶段喜欢无线电和机械，1982年8月到现在一直从事农业机械设计与推广。

贾首星老师回忆当时，绘图工具只有绘图板、丁字尺、圆规，作图效率低下而且精度差，后来才用到绘图仪。当初下地都是骑自行车，有时晚上12点才从地里回来，一个星期要骑一两个来回。谈到贾老师最引以为傲的，便是饲料加工设备技术改造，当时相关设备兵团总共72套，贾老师团队改造的便有54套，应用于农一、二、三、六、七、八、九、十师等地，应用广泛。当问到取得这些成绩的原因时，贾老师说，"来源于实践，应用于实践，工作才有显著成效。"

谈到兵团农业机械发展时，贾老师说："首先认识到兵团农机有广阔的天地和很大的发展前景，农业机械是大有作为的产业。"贾老师认为农业机械要跟随兵团大农业角度，农机服务于大农业，立足于农业与信息产业相结合，传统农业向现代农业发展，补短板、寻找切入点。

当谈到对从事农业机械的工作者寄语和期望时，贾老师说道："我们要热爱此行业，愿意为其奉献青春与热血。干一行，爱一行，我们要发扬'钻进去'的精神。"此次访谈之后，对贾老师只有满满的敬佩，兵团农机能够快速发展，正是因为有许许多多像他这样的农机专家在努力奋进。他们全心全意服务于兵团农机，是他们带动了兵团农机的发展，是他们为我们打下了牢固的基础，作为后辈的我们，站在前人的肩膀上前行，又何尝不是一种幸运和激励。学习他们吃苦的精神，为兵团农机的蓬勃发展不懈奋斗。

王序俭
新疆农垦科学院研究员

1978年，王序俭老师就读于八一农学院，1982年毕业之后就进入新疆农垦科学院从事农业机械工作。

王老师出身农民家庭，打小就想着怎么能开上拖拉机，怎么能用拖拉机代替牛马来拉着机具在地里工作。在刚工作的那年，正好是"文化大革命"结束不久，工作条件极差，百业待兴。当时，绘图工具只有丁字尺、三角板等，作图效率低下而且精度差，可用资料极少，若是能借来一本资料，都将视若珍宝。工作30多年以来，王老师获得各种奖励20多项，谈到他最引以为傲的机械，便是联合整地机。王老师骄傲地说道，该机具在1998年开始大量推广，好评不断，达到了国际领先水平，甚至在未来十年，都不会有新的机具来代替它，说到这时，他脸上露出了欣慰且自信的笑容。

在谈到对从事农业机械工作者的寄语和期望时，王老师说："那必须要做好吃苦的准备，工作时，不仅一身土，还有一身油"，他还说，农业机械不是靠理论来解决问题的，一定要经过大量的实践在田间做试验，以此来完善机具的每一个部分。此次访谈之后，对王老师只有满满的敬佩，兵团正是有许许多多像他这样的农机专家，所以兵团农机才能快速发展。他们把青春毫无保留地奉献给了兵团，是他们带动了兵团农机的发展，是他们为我们打下了良好的基础，他们是开拓者，是荒地的耕耘者。作为农机人，我们要弘扬热爱祖国、无私奉献、艰苦创业、开拓进取的兵团精神，秉承责任担当、创新求真、实干奉献的农机精神，为兵团农机的发展不懈奋斗。时代赋予了青年责任，青年就应该用自己的热情和力量，感想敢做敢拼，才能创造自己的人生，成为国家的希望。以吾辈青春，护锦绣中华。

李进江

原第八师农机技术推广站站长

从1980年高考结束后李进江就进入了石河子农机校，自此和农业机械结缘。毕业后，遵循国家当时"从哪里来到哪里去"的分配政策，孤身一人来到了兵团农八师一三四团16连队，从1983年底至2000年一直在团机务科从事机务工作，之后到石河子农机推广站，从事农机推广工作20余年。

"农机研发的重点应该放在提升农业生产率、提升农产品产量方面"，李站长坦言，起初棉花产量很低，研制、试验、推广、应用铺膜铺管精量播种机过程曲折，初期是由机务老师傅负责整机的研制工作，刚开始整机只能实现条播作业功能，1983年地膜之年来临，铺膜作业功能应运而生，地膜铺下去之后，人工放苗，手拿小铁钩，按照要求的株距，钩出膜孔，由于人工放苗膜孔大小不一，导致降低亩保苗株数，从而降低了产量。经过一代又一代农机人对棉花播种机的反复研制与试验，才有了我们今天看到的棉花铺膜铺管精量播种机，能够一次性完成膜床镇压、铺放滴灌带、铺膜、压膜、膜上覆土、膜上打孔精量播种、种行镇压和封土等工序。

"我国农业机械专业培养的人才数量庞大，但真正根植到农机行业的并不多"，李站长表达了担忧。同时，他建议在信息化、智能化的行业大背景下，农机教育尤其需要改进和完善培养方案、课程设置、教学与实践等环节，以适应市场农业的发展需求，推动农机行业高技能人才队伍建设。李站长希望，农机专业的学生应该一直以农机人"责任、创新、合作、实干"的农机精神鞭策自己，通过理论联系实践，发扬农机人的实干精神，让农机精神嵌入血脉，为农机企业创造价值，为兵团农机事业贡献力量。

徐正太

原第七师一二五团修造厂技术负责人

1975年，徐正太积极响应国家号召，以工农兵的身份进入奎屯农学院农机系进行学习。1978年，他毅然返回修造厂带领工人继续为兵团的屯垦事业服务。

工作之初，修造厂的条件非常艰苦，徐老师举例说："当时修造厂的机床太老旧，也买不起新机床，于是和厂里的工人一起在地下挖出模型，再用铁水浇铸而成，然后又找乌鲁木齐农机厂帮忙加工，这才造出了第一台新机床。"这也展现了前辈们排除万难的那股劲头，非常值得吾辈学习。

1981年，新疆开始对棉花地进行铺膜，然而人工铺膜非常费时费力，团场领导便命令修造厂改造出一台铺膜机。徐老师接到命令后便带领工人将一台播种机进行改造，但时间有限，他们只能不眠不休地工作。但是，现场会当天机器进地工作之后，地膜的铺设质量非常差，甚至有些地膜碎片直接飞到了树梢上面。虽然团场的领导体恤他们的辛苦并未进行批评，但是大家依然十分自责，誓要在铺膜机方面做出成绩，于是便数年如一日地苦心钻研，最终在这个过程中收获了许多成果，这件事也令徐老师铭记一生。

徐老师对当代农机人有两点期望：第一，希望科研工作者在潜心科研的同时也要注重理论结合实际的能力；第二，我们国家现在非常缺乏基层农机技术员，希望当代青年大学生要做一个有理想、有抱负、有高度责任心、有向农机事业献身精神的人。

最后，希望年轻人要热爱自己所从事的农机事业！